物联网技术与应用

INTERNET OF THINGS
TECHNOLOGY AND APPLICATION

钟良骥　徐斌　胡文杰　著

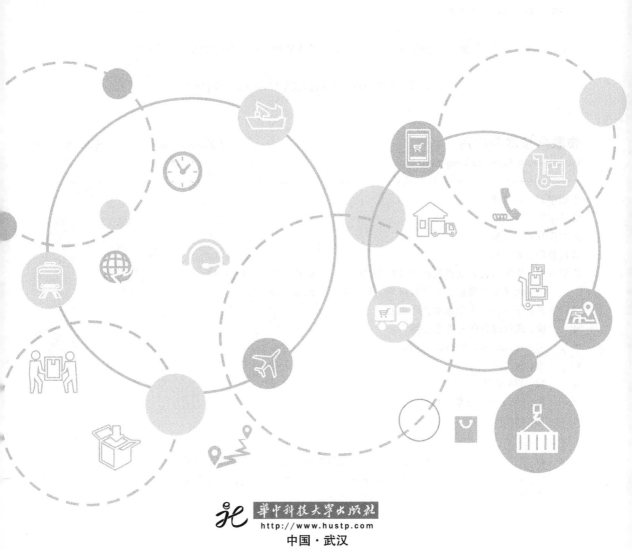

华中科技大学出版社
http://www.hustp.com
中国·武汉

内 容 提 要

物联网源自互联网,如果说互联网解决的是人与人的交流问题,那么物联网解决的是人与物的交互问题。物联网技术是一种新方法和新路径,并融合互联网领域的一些软硬件技术,让人们更加科学、高效、快捷地认识物理世界,给人类工作和生活带来舒适与方便。

本书由浅入深地讲述物联网技术应用开发的全过程,共 11 章,从物联网的理论架构到应用开发,从感知及控制层、网络层、平台服务层到应用服务层,分别讲述单片机技术、通信技术、物联网网关技术、MQTT 协议、时序数据库、数据分析与处理、物联网云平台开发、数据可视化等内容。

本书不仅适合物联网专业、计算机专业、电子信息专业、自动化专业等多个专业的师生阅读,而且可以作为企业工程师了解设备上云的参考资料,还可以用作物联网爱好者的入门读物。

图书在版编目(CIP)数据

物联网技术与应用/钟良骥,徐斌,胡文杰著. —武汉:华中科技大学出版社,2020.10(2025.2 重印)
ISBN 978-7-5680-6635-8

Ⅰ. ①物…　Ⅱ. ①钟…　②徐…　③胡…　Ⅲ. ①物联网　Ⅳ. ①TP393.4　②TP18

中国版本图书馆 CIP 数据核字(2020)第 177278 号

物联网技术与应用　　　　　　　　　　　　　　钟良骥　徐　斌　胡文杰　著
Wulianwang Jishu yu Yingyong

策划编辑:袁　冲
责任编辑:刘　静
封面设计:沃　米
责任监印:朱　玢
出版发行:华中科技大学出版社(中国·武汉)　　　电话:(027)81321913
　　　　　武汉市东湖新技术开发区华工科技园　　　邮编:430223
录　　排:华中科技大学惠友文印中心
印　　刷:武汉邮科印务有限公司
开　　本:787mm×1092mm　1/16
印　　张:14.75
字　　数:373 千字
版　　次:2025 年 2 月第 1 版第 3 次印刷
定　　价:58.00 元

本书若有印装质量问题,请向出版社营销中心调换
全国免费服务热线:400-6679-118　竭诚为您服务
版权所有　侵权必究

▶ 前 言

　　近年来,物联网和大数据渗透到各行各业,引起很多人的关注。物联网究竟是什么?有人认为物联网是传感网,有人认为物联网是嵌入式互联网……管中窥豹,无法让我们看清事物的真相。帮助更多人了解物联网、驾驭物联网技术,是编写本书的初衷。

　　物联网源自互联网,如果说互联网解决的是人与人的交流问题,那么物联网解决的是人与物的交互问题。物联网技术是一种新方法和新路径,融合互联网领域的一些软硬件技术,让人们更加科学、高效、快捷地认识物理世界,给人类工作和生活带来舒适与方便。

　　笔者及所在团队一直从事物联网领域的研究与应用工作,并承担多个物联网项目的开发工作,积累了一些实战经验,此次梳理出来确是不易,花了近一年时间。本书共11章,从物联网的理论架构到应用开发,从感知及控制层、网络层、平台服务层到应用服务层,分别讲述单片机技术、通信技术、物联网网关技术、MQTT协议、时序数据库、数据分析与处理、物联网云平台开发、数据可视化等内容。

　　本书由浅入深地讲述物联网技术应用开发的全过程,不仅适合物联网专业、计算机专业、电子信息专业、自动化专业等多个专业的师生阅读,而且可以作为企业工程师了解设备上云的参考资料,还可以用作物联网爱好者的入门读物。

　　人们需要共同努力,推动物联网技术的发展,才能让更多产业开启数字化进程,实现数据赋能。由于时间紧促和编者能力有限,有些内容没有深入展开,真诚希望大家一起完善它,让更多的人受益。谢谢读者的支持,我们会继续努力的。

　　感谢一起奋斗过的同事和学生们,他们是吴谋、陆雨、武文才、周明德、吴志辉、厉高艳、师惠彧、王晓东、江鹏、迟昆荣、游晓佳、冯永强、王爽、梅杰、尚传文、王邦辉、雷玄、钟金亮、陈蔚等人。感谢作者的家人们,没有他们的理解、支持和默默付出,也不会有这本书。

编　者

2020 年 9 月

目录

第1章
物联网系统概述

在物联网时代,数以万亿计的物件通过互联后将产生巨大的网络流量。据美国权威咨询机构 Forrester 发布,2017 年至 2019 年的物联网数据总量达 5000 亿 GB;2020 年,世界上"物物互联"的数据通信业务量,将是"人与人通信"数据量的 30 倍。

物联网(internet of things,IoT)即"万物相联的互联网",在互联网基础上延伸和扩展,将各种信息传感设备与互联网结合起来,形成一个巨大的网络,在任何时间、任何地点,实现人与物的互联互通。物联网是新一代信息技术的重要组成部分,也是信息化跨时代的重要阶段,被称为继计算机、互联网之后世界信息产业发展的第三次浪潮。物联网的核心和基础仍然是互联网,它主要实现设备间的信息交换和通信。应用创新是物联网发展的核心,以用户体验为核心的创新 2.0 是物联网发展的关键。

近年来,物联网的发展已经形成规模,各国都投入巨大的人力、物力、财力研究与开发物联网,但在技术、管理、成本、政策、安全等方面,物联网仍然存在一些需要攻克的难题。在这样的背景下,人们需要共同努力,推动物联网技术的发展,让更多产业开启数字化进程,实现数据赋能。

1.1 物联网技术的意义

物联网技术基于各种传感器实现物理世界的数据感知,利用各种通信技术实现数据传输,最终实现物联网设备及环境的数据存储、分析、预测、可视化等应用,帮助人们更好地认知与管理物理世界。物联网系统的设计目标与互联网系统的设计目标有较大的区别:互联网解决人与人的交流问题,而物联网解决了人与物的交互问题。

物联网技术是一种技术融合创新,而不是一种颠覆性的新技术。物联网起源于 2008 年IBM 提出的"智慧地球"。IBM 认为,物联网的海量信息,在物联化和互联化的基础上,将进一步实现智能化,为物联网部署功能强大的计算机群,使它像大脑一样指挥整个物联网系统协调运作,最终实现"智慧地球"。物联网技术让世界更全面地感知、更高效地互联,各种事物和流程等将更加智能,如图 1-1 所示。

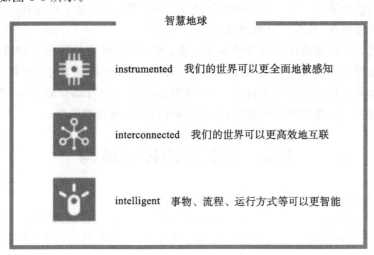

图 1-1 智慧地球

2014 年 6 月 9 日,习近平同志在两院院士大会上指出:"16 世纪以来,世界发生了多次科技革命,每一次都深刻影响了世界力量格局。从某种意义上说,科技实力决定着世界政治经济力量对比的变化,也决定着各国各民族的前途命运……进入 21 世纪以来,新一轮科技革命和产业变革正在孕育兴起,全球科技创新呈现出新的发展态势和特征。"

从人类文明的角度看,全球科技大致发生了两次科学革命和三次技术革命,即近代物理学诞生,蒸汽机、冶金和机械革命,电力、化工和运输革命,相对论和量子论革命,电子和信息革命。其中,第一次和第四次属于科学革命,第二次、第三次和第五次属于技术革命。第五次科技革命大致经历三个阶段,第一阶段是自动化与高技术阶段,第二阶段是信息化与全球化阶段,第三阶段是智能化与绿色化、网络化阶段。没有科学革命就没有技术革命,没有技术革命就没有产业革命,技术革命是产业革命的先导,一次技术革命对应一次产业革命。历史经验显示,国家的成功和繁荣与科技革命和产业革命有着紧密的联系。抓住科技革命和产业革命历史机遇的国家,很容易成为发达国家或世界强国;忽视科技革命和产业革命所带来机遇的国家,国际地位有可能下降。

理论界和产业界普遍认为,世界正处于新一轮技术创新浪潮引发的新一轮工业革命的开端。以移动互联网、物联网、云计算、大数据等为代表的新一代信息通信技术(ICT)创新活跃,发展迅猛,正在全球范围内掀起新一轮的科技革命和产业变革。此时带来的创新机会,将带来创造领先和赶超的机会。这些新机会包括互联网、物联网、无线网、大数据、云计算、量子通信等新一代信息技术,以及信息技术在经济和社会领域的渗透和应用,包括智能化和绿色化的先进制造、机器人、智慧城市、智能交通、智能电网、可再生能源和绿色技术等。

目前,第五次科技革命进入第三阶段,智能化、绿色化、网络化和全球化互相交织,正改变着世界经济和人类社会。20 世纪末一系列新兴市场遭受金融危机的冲击后,诞生了互联网这一新兴行业;十余年后,在人类历史上数一数二的金融危机余波未了的时候,物联网产生了。物联网的出现,一方面是由于进入 21 世纪以来,全球经济危机的推动以及政策的驱动,另一方面是由于成熟的传感技术、发达的网络以及高速的信息处理能力为它提供了坚实的基础。

作为信息通信技术的突破方向,物联网蕴含巨大的增长潜能,是重要的战略性新兴产业,是继计算机、互联网和移动通信之后新一轮的信息技术革命,将掀起信息技术在各行各业更深入应用的新一轮信息化浪潮。物联网的提出体现了大融合理念,突破了将物理基础设施和信息基础设施分开的传统思维,具有重要的战略意义。

物联网已成为各国综合国力竞争的重要因素,各个国家政府纷纷进行物联网战略布局,瞄准重大融合创新技术的研发与应用,寻求把握未来国际经济科技竞争的主动权。我国亟须抓住新一轮科技革命和产业革命的重要机遇,加快战略部署和专项行动计划实施,推动技术和应用创新,释放物联网潜力,深化物联网应用,推动物联网健康、可持续发展。

1.2　物联网的体系结构

关于物联网到底是什么,读者可能会有很多疑问。

早期,很多人把传感器技术、RFID 技术看成物联网。这是比较片面的。其实物联网不仅有硬件,而且有云计算和数据融合带来的服务。将各种设备联网,让用户更方便,让管理更高效,让数据产生新的价值,将人类社会的生产生活提升到新的高度,这才是物联网的本质。俗话说,不登泰山之巅,无法居高望远。对待新的技术和知识,不深入浅出,很难把握其中的规律。

我们只有深入了解物联网的体系结构,才能在实践中娴熟地运用它。

物联网技术体系包括四个层次,即感知及控制层、网络层、平台服务层、应用服务层,如图1-2所示。物联网绝不只是传感器,真正的企业级应用,需要在这四个层次上进行有效的整合,形成一个完整的物联网系统,才能发挥它的支撑作用。物联网技术覆盖多个领域,涉及更小、更省电、更智能、更便宜的传感器技术,包括适应复杂环境、面向多类型感知数据的无线通信技术,还有适应于物联网的中间件与平台技术,包含适用于云计算、边缘计算、分析与优化的技术,以及适用于面向社会需求的融合创新等技术。

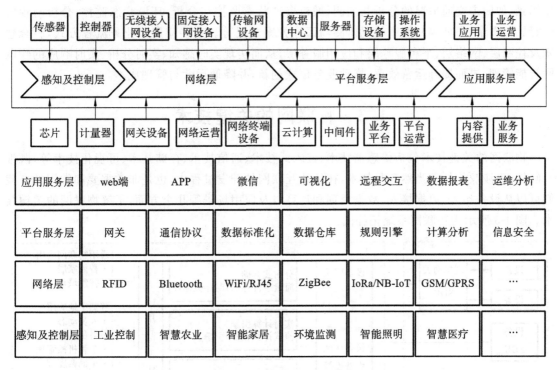

图 1-2 物联网技术体系

1. 感知及控制层

感知及控制层由微处理器、传感器、机电控制电路等硬件设备组成,主要实现数据采集和操作控制功能。它通过传感器、计量器等器件获取环境、资产或者运营状态信息,在进行适当的处理之后,通过传感器传输网关将数据传递出去;同时通过传感器接收网关接收控制指令信息,在本地传递给控制器件,达到控制资产、设备及运营的目的。

2. 网络层

网络层是物联网系统的数据传输通道,具有局域网或互联网通信能力。物联网设备通过网络层将采集数据发送给云平台,或通过网络层接收云平台的控制命令。物联网系统通过公网或专网,采用有线或无线通信方式,完成感知及控制层、平台服务层之间的数据传递,网络层负责传输服务质量的安全与通信管理,避免数据丢失、乱序、延时等问题。

3. 平台服务层

平台服务层是物联网数据汇聚、存储、分析的核心部件,应支持海量设备接入,提供高性能分布式计算分析能力。底层设备将数据最终发送到平台服务层,平台服务层对数据进行标准化处理,如数据过滤、数据定位、数据融合等操作。数据分析模块把数据与物理环境、设备和应用关联起来,根据当前数据和历史数据,评估系统当前的状态,预测系统的风险因素。根据预警规则,数据分析模块把具有一定风险等级的分析结果,通过业务流程及应用整合传送给控制与通知系统。如果需要优化系统,则可以运用仿真及优化方案,并提供决策支持,从而实现在实时感知基础上支持业务的即时优化与控制。

4. 应用服务层

应用服务层根据行业需求(主要是用户需求与设备需求),在平台服务层之上构建物联网应用场景,如城市交通情况的分析与预测,城市资产状态监控与分析,环境状态监控、分析与预警(如风力、雨量、滑坡等),健康状况监测与医疗方案建议等。这些应用以业务流程方式,整合感知及控制层、网络层、平台服务层和应用服务层,从而实现实时感知、实时分析、实时响应的物联网智能管理,进而提升运营效率,推动业务模式创新,并降低运营与管理成本。

1.3 物联网的关键技术

物联网的关键技术包括传感器技术、嵌入式技术、通信技术、存储技术、可视化技术等,既涉及硬件,也涉及软件。当然有些技术,在传统互联网的开发过程中,也是非常重要和常用的。我们可以从设备接入、数据接入、数据处理和计算以及应用场景等几个方面,了解物联网的关键技术。图 1-3 所示为物联网系统拓扑图。

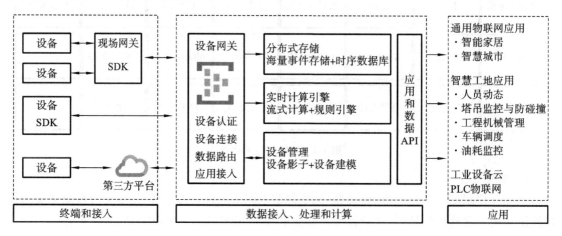

图 1-3 物联网系统拓扑图

1. 传感器技术

物联网技术体系覆盖多个层次与领域,蕴含着新的技术趋势、挑战与机遇。例如,更小、更省电、具备无线通信能力、具备一定的安全保障、具备更强的计算能力、具备一定的自主性与智能、部署维护管理更为方便,这些都是传感器技术的发展趋势。如何在有限的供电能力与计算资源的基础上,在相对复杂的物理环境中,通过低成本的软硬件设施与服务来达成上述目标,将是传感器技术面临的挑战。

2. 通信技术

物联网的数据传输模式与互联网有多不同,它进一步推动了无线通信技术的发展。一批无线通信技术,如 WiFi、ZigBee、WiMAX、Bluetooth、GPRS/GSM 等,在不同的物联网场景中,有着各自的技术优势。无线通信技术在物联网时代将面临新的发展机遇和挑战,如:通信技术在物联网环境下发展与演变;网络设备中出现一些新的路由协议与优化策略;增强网络设备的边缘计算与分析能力;涌现出一些更适合物联网发展的无线通信标准。

3. 物联网中间件与平台技术

有别于传统互联网的数据模式与运算需求使得针对物联网的中间件与平台技术成为另一个重要的环节。中间件与平台技术主要的发展趋势是大范围、分布式的数据传输、处理、分析,以及多个系统的互联、协调与管理。平台应该秉承开放的体系与架构,屏蔽复杂性,支撑多种前后端服务(传感器服务、数据源服务、数据分析处理服务、应用服务、管理服务)的灵活接入与互联,并提供必要的隐私、安全、合规等方面的保障。

4. 云计算、边缘计算、分析与优化技术

物联网主要关注大量数据的采集、传输、分析,以支持智慧的决策。据估算,物联网所采集的数据将是互联网所采集数据的上千倍,而且很多物联网应用具有实时性的要求,因此对数据处理提出新的挑战。利用云计算技术来提升数据并行处理能力,通过边缘计算来提升数据处理与系统响应的速度,基于对分析与优化算法的改进与创新,使物联网数据的流动达到最佳效果,是云计算技术发展的趋势。

5. 物联网应用技术

物联网技术推动应用创新的关键在于提升物联网基础设施的能力,满足各行业具体业务的需求,突破传统应用的思维限制,大胆进行业务创新,并通过试点项目来优化物联网技术。物联网的典型行业应用将包括智慧医疗、智慧交通、智能电网、智慧城市管理、智能物流等。与行业相关的物理世界数据收集、处理、分析、优化与业务决策支持,是物联网应用技术的发展趋势。

1.4 如何学习物联网

物联网技术不是单一技术,它涉及嵌入式、传感器、电子技术、无线通信、软件设计、数据库设计、分布式部署、数据分析、数据可视化等技术领域。即使一个简单的物联网应用,与传统的软件设计或电路设计相比,也复杂得多,因此很多人不愿意接触它。本书分别从物联网软件设计和硬件设计两方面入手,协同研究与设计软硬件,从不同角度建立物联网系统。

软件工程师进行物联网系统设计时,可以从物联网云平台入手,搭建物联网应用服务器,部署消息中间件、分布式数据库、计算引擎和可视化数据模型。软件工程师可以针对物联网云平台的四大核心模块,即设备管理模块、用户管理模块、传输管理模块、数据管理模块的功能,深入了解和学习,并基于这些模块进一步拓展设计。

硬件工程师可以从嵌入式入手,实现感知及控制层的数据采集与控制,进一步拓展数据通信功能,最后通过物联网通信协议和数据标准化,与物联网云平台对接。简而言之,硬件工程师在传统嵌入式应用的基础上,增加传感器和执行器的电路和程序设计,并赋予互联网的通信能力,使设备快速连接物联网云平台,从而实现物联网应用。

读者可对市场上的一些物联网典型案例进行技术分析,选择诸如共享单车、智能照明、智能电梯、智能锁、智能家居、智慧农业、消防物联网、工业物联网等某个具体应用,对典型应用的意义、技术功能、系统组成、设计思路进行剖析,分别从软件设计、硬件设计的角度了解系统的大致结构,从而掌握物联网系统中,数据感知、数据连接、数据解析、数据存储、数据可视化的整个流程。

第2章
物联网与嵌入式技术

很多人认为物联网是嵌入式联网。嵌入式联网固然重要,但单纯认为嵌入式联网是物联网,是"管中窥豹"。物联网云平台的数据计算和分析,毫无疑问也是物联网的关键之一。

嵌入式系统是智能设备的"大脑",应用范围非常广泛。常见的家用电器,如冰箱、洗衣机、空调,以及汽车控制系统、工厂流水线、航空飞行器中就有它的存在。嵌入式设备联网技术最早出现于 1991 年英国剑桥大学,应用于一台咖啡壶上。当初,剑桥大学特洛伊计算机实验室的工作人员在上班时,需要下两层楼梯去看咖啡煮好了没有,但常常空手而归,这让工作人员觉得很烦恼。为了解决这个麻烦,他们编写了一套程序,并在咖啡壶旁边安装了一个便携式摄像机,镜头对准咖啡壶,利用计算机图像捕捉技术,以 3 帧/秒的速率将图像传递到实验室的计算机上,以方便工作人员随时查看咖啡是否已煮好,省去了上上下下的麻烦。这样,他们就可以随时了解咖啡煮沸情况,待咖啡煮好之后再下去拿。这个事件引起互联网用户的广泛关注,几百万人点击过这个名噪一时的"咖啡壶"网站。

从人类发展角度来说,一切能够更好、更快、更方便的技术都会吸引人们的关注。"咖啡壶"事件,使人们对计算机技术有了新的发展思路,物联网技术应运而生。作为前端感知的"大脑",嵌入式系统的计算能力、存储能力和通信能力等显得尤为重要。

2.1　嵌入式联网的重要意义

随着物联网、工业 4.0、医疗电子、智能家居、物流管理和电力控制的快速发展,嵌入式系统基于自身的特点,逐渐成为众多行业的标配产品。嵌入式系统具有可控制、可编程、成本低等特点,拥有广阔的应用前景。

1. 智慧交通

智慧交通系统主要由交通信息采集、交通状况监视、交通管理、交通信息发布和通信五大子系统组成。交通信息是智慧交通系统的运行基础,而以嵌入式为主的交通管理系统就像人体内的神经系统一样在智慧交通系统中起着至关重要的作用。嵌入式系统应用在测速雷达、运输车队遥控指挥系统、车辆导航系统等方面,能对交通数据进行采集、存储、传输、分析和展示,便于交通管理者或决策者对交通状况进行决策和研究。

智能交通系统对产品的要求比较严格,而嵌入式系统产品凭借各种优势可以很好地满足要求。对于嵌入式一体化的智能化产品在智能交通领域内的应用已得到越来越多的人的认同。在车辆导航、流量控制、信息监测与汽车服务方面,嵌入式系统技术获得了广泛的应用,内嵌GPS 模块、GSM 模块的移动定位终端在各种运输行业获得了成功的使用。

2. 智慧家庭

随着嵌入式系统在物联网中的广泛运用,智能家居控制系统可实现对住宅内的家用电器、照明灯光进行智能控制,以及家庭安全防范,并结合其他系统为住户提供一个温馨舒适、安全节能、先进高尚的家居环境,让住户充分体会现代科技给生活带来的方便与精彩。

智慧家庭系统是智能住宅系统的重要组成部分,家庭控制网络子网和远程管理是该系统的重点和难点。与家居数据通信网络的应用目的不一样(数据通信网络中音视频等大数据的传输需要高速的数据通信接口),家居控制系统需要的是经济、低功耗的控制网络,该控制网络的主要功能在于实现设备的连接与控制,基本上无须用高速的通信方式来支撑。

3. 机电产品

相对于其他的领域,机电产品可以说是嵌入式系统应用最典型、最广泛的领域之一。从最初的单片机到现在的工控机、片上系统(SoC)在各种机电产品中均有着巨大的市场。工业设备是机电产品中的一大类。在目前的工业控制设备中,工控机的使用非常广泛,这些工控机一般采用工业级的处理器和各种设备,其中以 X86 系列的 MPU 最多。

工控机要求往往较高,需要各种各样的设备接口,除了进行实时控制外,还需要将设备状态、传感器信息等在显示屏上实时显示,这些技术指标是 8 位单片机无法满足的。以前多数使用 16 位处理器,随着处理器的快速发展,目前 32 位、64 位处理器逐渐替代了 16 位处理器,进一步提升了系统性能。

4. 智慧医疗

智慧医疗基于医疗大数据平台,采用先进的物联网技术,实现患者与医务人员、医疗机构、医疗设备之间的互动,全方位打造现代医疗的诊断及服务体系。嵌入式技术是智慧医疗的核心,它的本质是将传感器技术、RFID 技术、无线通信技术、数据处理技术、网络技术、视频检测识别技术、GPS 技术等,综合应用于整个医疗管理体系中进行信息交换和通信,以实现智能化识别、定位、追踪、监控和管理,从而建立起实时、准确、高效的医疗控制和管理系统。

在不久的将来,医疗行业将融入更多的人工智能、传感器技术等,使医疗服务走向真正意义上的智能化,推动医疗事业的繁荣发展。在中国医改的大背景下,智慧医疗正在走进寻常百姓的生活中。

5. 机器人

机器人技术一直与嵌入式系统的发展紧密联系在一起。最早的机器人技术是 20 世纪 50 年代 MIT 提出的数控技术,只是简单的与非门逻辑电路,尚未达到芯片设计水平。由于处理器和智能控制理论的发展缓慢,从 20 世纪 50 年代到 70 年代初期,机器人技术一直未能获得充分的发展。

近年来,由于嵌入式处理器的高度发展,机器人从硬件到软件均呈现出新的发展趋势。嵌入式芯片的发展,将使机器人在微型化、高智能等方面的优势更加明显,同时大幅度降低机器人的价格,使机器人在工业领域和服务领域得到更广泛的应用。

6. 环境工程

如今我们的生存环境受很多因素的影响,如气候变暖、工业污染、农业污染等,在传统的人工检测下,无法实现对大规模环境的管理。嵌入式系统在环境工程中的应用十分广泛,如水文资料实时监测、防洪体系及水土质量监测、堤坝安全监测、地震监测、实时气象信息获取等。在很多环境恶劣、地况复杂的地区,可通过物联网技术实现水源和空气的远程监测,运用嵌入式系统实现无人值守、实时监测。

7. 工业自动化

“中国制造 2025”作为国家战略,已经在逐步地推进,未来应用自动化技术实现工业生产和管理是一大趋势,而嵌入式技术是关键技术之一。

工业自动化涉及智能测量仪表、数控装置、可编程控制器、控制机、分布式控制系统、现场总线仪表及控制系统、工业机器人、机电一体化机械设备、汽车电子设备等。这些仪器设备广泛采用嵌入式系统。嵌入式系统是为工业自动化服务的;工业自动化要由嵌入式的设备来控制,以保证工程的加工效率,达到设备自动运行的效果。

8. 网络通信

随着互联网的发展,产生了大量网络基础设施、接入设备、终端设备的市场需求,这些设施、设备中也大量使用嵌入式系统。例如,各类收款机、POS 系统、电子秤、条形码阅读器、商用终端、银行点钞机、IC 卡输入设备、取款机、自动柜员机、自动服务终端、防盗系统、各种银行专业外围设备以及各种医疗电子仪器,无一不用到嵌入式系统。

嵌入式系统可以说无处不在,如今嵌入式系统带来的工业年产值已超过万亿美元。随着信息化时代的高速发展,嵌入式产品迎来了巨大的发展契机,展现出美好的发展前景,同时对嵌入式工程师提出了更高的要求。

2.2　嵌入式系统与物联网

嵌入式设备接入网络,是实现物联网的第一步。在物联网时代,嵌入式系统具有以下新的特点:一个唯一的设备编号;一个 CPU;一个存储模块;一个操作系统;一个专门的应用程序;一条数据传输通路;一套物联网的通信协议。

1. 一个唯一的设备编号

简单来说,设备编号是一串符号,映射现实中的硬件设备。如果这些符号和设备是一一对应的,则可称之为唯一设备 ID(unique device identifier)。

身份证号、计算机的 IP 地址、手机入网号、RFID 射频卡号等,都是相对唯一的 ID。物联网设备联网后,需要有唯一的编号,才能在云服务器进行识别和管理。物联网系统中,设备的唯一编号有着重要的作用。

(1) 设备上电联网后,需要通过平台激活设备状态。

(2) 设备向云平台申请激活(包括厂商、生产批次、生产密码、芯片唯一编码等信息)。

(3) 经云平台判断并允许设备激活,生成全局唯一的设备 ID。如果是重复激活,则需要根据芯片唯一编码,查询上一次分配给该设备的设备 ID。

(4) 云平台告知硬件设备激活成功,并下发设备 ID 以及设备密码,设备永久保存设备 ID 以及设备密码。

(5) 设备多次激活,设备密码需改变,但设备 ID 不变。

(6) 设备激活以后,每次连接云平台,需要提交设备 ID,以及使用设备密码。

(7) 物联网系统中,设备拥有唯一 ID,是为了统一识别、存储和管理。

2. 一个 CPU

物联网系统涉及感知、连接、存储、计算、分析、可视化等过程。其中感知及控制层由传感器实现信息采集,由执行器实现状态控制,而这些都需要由微处理器进行实时计算和分析。因此,感知及控制层以嵌入式系统为核心,以应用为中心,软硬件可裁剪,对功能、可靠性、成本、体积、功耗有着严格的要求。

3. 一个存储模块

随着物联网设备的不断增加,云服务器处理压力逐渐增大。对于感知及控制层的一些数据,采用本地存储和计算,不仅可以获得良好的实时性和稳定性,还能释放云服务器的压力。当然,对于持久化的特征数据,感知及控制层可以有针对性地向云服务器转发。尤其是工业物联网,感知及控制层的节点和汇聚网关都具有强大的存储能力。

4. 一个操作系统

物联网设备接口的多元化、通信协议和通信标准的多样性,使感知及控制层难以互联互通。构建一套标准的开放体系,形成统一的开发标准,将有利于推动物联网的生态发展。目前,国内外一些公司,希望在感知及控制层也能够推出一个物联网实时操作系统(RTOS)。该系统由连接层、中台处理层、应用赋能层、大数据可视化层等四个模块构成,每个层面都提供丰富的应用程序接口(API)和组件库,并通过高效的系统总线串联在一起,形成一个既模块化又紧耦合的信息处理单元。

技术方案不统一、体系结构不一致等因素,阻碍了物联网的发展,也限制了物联网的互联互通。构建物联网操作系统时,应将生态环境建设放在一个重要的位置上,以便有更多的人愿意去使用。

5. 一个专门的应用程序

受嵌入式系统本身特点的影响,嵌入式系统的开发方式与普通软件有很大的区别。嵌入式系统的开发分为系统总体开发、硬件开发和软件开发三大部分。需求不一样,硬件电路不一样,对应的软件功能相差较大。哪怕是增加一个按键,或者是减少一个信号灯,嵌入式系统的应用程序都需要重新编译、调试、下载。因此,具体的嵌入式系统需要定制化地进行设计。

6. 一条数据传输通路

互联网的发展分为四个阶段:第一阶段是大型机系统之间的互联;第二阶段是 PC 和服务器在互联网领域的使用;第三阶段是实现移动终端,如手机的互联网功能;第四阶段是机器与机器之间的互通。随着第四阶段的发展,过去很多不联网的、单独使用的设备开始联网,这样机器与机器之间的连接使得互联设备的数量越来越多。国际权威机构曾预测:2021 年,全球将有280 亿个设备联入互联网。未来,将有更多数量、更多类型的设备需要实现互联。

目前,嵌入式主要有直接联网和网关联网两种联网模式。

(1)直接联网:物联网终端设备有独立的 MCU,且具备直接联网能力。例如,一些采用WiFi 通信模组、NB-IoT 通信模组或 2G/4G 通信模组的物联网终端设备,可以实现直接联网。

(2)网关联网:物联网终端设备本身不具备入网能力,需要在本地组网后,通过网关接入互联网,如图 2-1 所示。例如,终端设备通过 ZigBee 无线组网后,再通过 ZigBee 网关统一接入网络。局域网无线组网技术有 ZigBee、LoRa、BLE Mesh、Sub-1GHz 等。

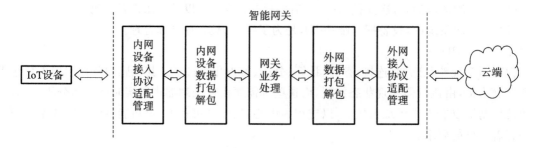

图 2-1 嵌入式联网过程

嵌入式设备常用的通信网络主要有移动网络和宽带网络两种。移动网络主要有 2G 网络、3G 网络、4G 网络、5G 网络、NB-IoT 网络等,比较适用于户外设备。宽带网络,如 WiFi 网络、Ethernet 网络等,比较适用于户内设备。

7. 一套物联网的通信协议

物联网具有终端设备的资源有限、低功耗、网络连接环境差等特点,嵌入式系统选择数据通信协议时需予以考虑。互联网的基础网络协议是 TCP/IP 协议。MQTT(消息队列遥测传输)协议是基于 TCP/IP 协议栈而构建的,已成为物联网通信的标准。

MQTT 协议是专门针对物联网开发的轻量级传输协议,被设计用于轻量级的发布/订阅式消息传输,旨在为低带宽和不稳定的网络环境中的物联网设备提供可靠的网络服务。MQTT 协议针对低带宽网络、低计算能力的设备,做了特殊的优化,以便适应于各种物联网应用场景。目前 MQTT 协议拥有各种平台和设备上的客户端,已经形成了初步的生态系统。

2.3　传统设备与物联网

传统嵌入式设备联网可以建立在串口通信的基础上。很多传统嵌入式设备采用单片机控制器,在不改变设计的基础上快速实现设备联网,是很有现实意义的。单片机与无线模块通过串口,可以快速实现联网。这是本节重点介绍串口通信的原因。当然有些应用场合需要采用485 总线、Modbus 现场总线、CAN 总线,读者需要专门学习现场总线的相关知识。

单片机常用的接口有 UART、SPI、I2C 等,如表 2-1 所示,这些接口各有特色。单片机通过这些接口,与传感器、存储芯片、外围控制芯片等紧密结合,成为整个单片机系统的"神经中枢"。

表 2-1　单片机常用的接口

接口名称	传输方向	同步方式	串并行	数据线数量	特点
UART	全双工	无时钟异步	串行	2 根(RX,TX)	资源消耗少,简单,传输速度慢
SPI	全双工	有时钟同步	串行	2 根(SCL,SDA)	高速,时序简单,耗费资源多
I2C	全双工	有时钟同步	串行	4 根(SLE,SCL,MO,MI)	接线少,速度快,时序复杂

1. 串口通信

串口通信(serial communication,又称串行通信),是单片机最常用的一种通信技术。单片机中有两个引脚,专门用于串口通信。两个单片机之间的串口通信如图 2-2 所示。将两个单片机的串口接收引脚和串口发送引脚交叉相连、GND 相连,即可实现两单片机间物理信号的连接。双方可以采用串口中断方式,实现数据通信。

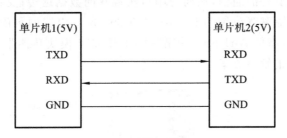

图 2-2　两个单片机之间的串口通信

单片机串口初始化示例如下。

```
void InitUart(  )
{
TMOD|=0x20;//初始化定时器1为8位自动重装模式
SCON=0x50;//配置串口工作模式,使能了串口接收中断
TH1=0xfd;//配置波特率
TL1=0xfd;
TR1=1;//启动定时器1
ES=1;//打开串口中断允许
}
```

单片机串口中断处理函数示例如下。

```
void InterruptUart(  )  interrupt 4
{
        if(RI)          //可以在这里添加接收中断的语句
        {
          RI=0;
          ·····
        }
        if(TI)          //字节发送完毕
        {
          TI=0;
        }
}
```

2. 单片机联网

单片机须具有以太网通信能力,才能实现与互联网通信。这里,我们选择以 ESP8266 模块为例讲述单片机联网。通过 ESP8266 模块,可以将传统单片机快速联网,如图 2-3 所示。该模块的特点是:采用 ESP8266 芯片,硬件集成了 MAC、基频芯片、射频收发单元和功率放大器;内置低功耗运行机制,可以有效地实现模块的低功耗运行;支持 WiFi 协议以及 TCP/IP 协议,仅需简单配置,即可实现 UART 设备的联网功能;尺寸较小,易于组装在客户产品的硬件单板电路上;具有一个 Socket 通信链接,可以设置为 TCP client、阿里云物联网 client,实现与远程服务器或者阿里云物联网套件的通信,从而与串口实现双向数据透传;支持 UART 透传、AT 指令查询和控制,串口波特率宽范围为 9 600~115 200 b/s;内置网页配置,带账户校验;支持 Smart Config 一键配网,微信 AirKiss 一键配网。ESP8266 模块功能强大且性价比高,可为设备的快速上云提供最快的解决方案。

图 2-3　ESP8266 模块的串口透传

通过 ESP8266 模块实现单片机的快速联网,可以从乐鑫官方查阅模块的 AT 指令文档。如果读者了解物联网云平台,则可选择阿里云物联网平台、百度物接入、腾讯物联网平台等,尝试将单片机快速联网。这里,我们省去了平台的注册、创建设备等过程,仅介绍单片机与 ESP8266 模块的连接和通信过程,具体如下。

(1) 单片机通过串口向 ESP8266 模块发送"＋＋＋"。

(2) 单片机发送"AT＋RESTORE",使 ESP8266 模块恢复出厂设置。

(3) ESP8266 模块正常时,向单片机回复"OK"。

(4) 单片机发送"AT＋CWMODE_CUR＝1",设置 ESP8266 模块处于"station"模式下。

(5) 单片机发送"AT＋CWJAP_CUR＝"ssid","password"",使 ESP8266 模块连接热点,其中"ssid"为路由器的账号,"password"为路由器的密码。

(6) 单片机发送 "AT＋CIPSTART＝"TCP","a1ugBNniFGU. 物联网-as-MQTT. cn-shanghai. aliyuncs. com",1883 连接 TCP"。

(7) 单片机发送"AT＋CIPMODE＝1",将 ESP82666 模块的传输模式设置为透传模式。

(8) 单片机发送"AT＋CIPSEND",通知 ESP8266 模块开始传输数据,收到 ESP8266 模块发出的"'＞'"表示模块正常通信。

(9) 单片机基于 ESP8266 模块,与服务器建立 MQTT 连接,实现消息的订阅与发布。

随着物联网时代的到来,传统嵌入式工程师面临着机遇与挑战。传统的嵌入式设备一般独立工作,如果需要通信,则常用的方式是串口通信或网口通信。目前物联网大多采用无线通信方式,嵌入式工程师需要掌握一种无线通信的技术,如蓝牙技术、WiFi 技术等,通过无线通信协议把数据发送给服务器。以前的嵌入式工程师只需要关心设备端编程,而物联网工程师需要了解甚至掌握手机编程技术,如 Android 编程技术。嵌入式工程师不一定是 Java 编程专家,但需要看懂手机端编程的代码,并可以对它进行修改。目前物联网设备几乎都带传感器,会使用传感器、编写传感器的驱动程序,以及编写一些简单的算法,也是嵌入式工程师需要具备的能力。

第3章
传感器是物联网触角

　　传感器技术是目前在国际上备受关注、多学科高度交叉、知识高度集成的前沿热点研究领域。传感器技术涉及纳米技术与微电子技术、新型微型传感器技术、微机电系统技术、片上系统设计技术、移动互联网技术、微功耗嵌入式技术等多个技术领域，与通信技术和计算机技术共同构成信息技术的三大支柱，被认为是对 21 世纪产生巨大影响力的技术之一。

　　随着物联网在全球进入实质性发展阶段，传感器制造产业快速发展。高工产业研究院2019 年预测，未来 5 年全球传感器市场将保持 8% 左右的速度增长，到 2024 年市场规模将达到3 284 亿美元。各国高度重视对传感器技术的研究，促使传感器技术逐渐向系统化、体系化的协同创新方向发展，成为发达国家和跨国企业布局的战略高地。

　　在国际上，欧美、日本等企业主导了传感器市场，许多企业的生产都实现了规模化，有些企业的年生产能力达到了几千万只甚至几亿只。相比之下，我国传感器的应用范围较窄，更多的应用仍然停留在工业测量与控制等基础应用领域，而且我国传感器市场竞争十分激烈。我国目前传感器产业表现出以下问题。

　　（1）核心技术和基础能力缺乏，创新能力弱：国内传感器在高精度分析、高敏感度分析、成分分析和特殊应用方面的差距巨大，缺乏新一代传感器技术的研发和产业化能力。

　　（2）共性关键技术尚未真正突破：国内传感器在设计技术、封装技术、装备技术等方面都与国外存在较大的差距。

　　（3）传感器工艺装备研发与生产被国外垄断。

　　（4）产业结构不合理，品种、规格、系列不全，技术指标不高：国内传感器产品往往形不成系列，产品在测量精度、温度特性、响应时间、稳定性、可靠性等方面，与国外也有较大的差距。

　　（5）企业能力弱：从目前的市场份额和竞争力指数来看，外资企业占据较大的优势。

　　时不我待，我们需要更快、更好地抓住发展的机遇。

3.1　传感器简述

　　传感器是物联网中信息感知的首要环节，它相当于人的五官，能快速、精确地获取信息。作为一种检测装置，传感器能感受到被测量的信息，并能将感受到的信息按一定的规律转换成电信号或其他所需形式的信息输出，以满足信息的传输、处理、存储、显示、记录和控制等要求。

　　传感器门类繁多，从原理上可以分为物理量、化学量、生物量三大门类，每一个门类中又有着很多小类。目前工业生产、宇宙开发、海洋探测、环境保护、资源调查、医学诊断、生物工程，甚至文物保护等众多领域都需要用到传感器。可以说，几乎每一个现代化项目中，都缺不了传感器。

　　由于工作原理、测量方法和被测对象不同，传感器的分类方法不同。目前采用较多的分类方法是按信号变换的特征分类。按信号变换的特征分类，传感器分为物性型传感器和结构型传感器。物性型传感器依靠敏感元件材料本身的物理变化实现信号的转换。例如，水银温度计利用水银的热胀冷缩现象把温度的变化转换成水银柱的高低变化，实现温度的测量。结构型传感器依靠传感器结构参数的变化实现信号的转换。例如，变极距型电容式传感器通过极板间距离的变化实现测量。

3.1.1 传感器的组成

传感器主要由敏感元件、转换元件和其他辅助器件组成,如图3-1所示。敏感元件是指传感器中能直接感受(或响应)与检测出被测对象的待测信息(非电量)的元件,如机械式传感器中的弹性元件。转换元件是指传感器中能将敏感元件所感受(或响应)的信息直接转换成电信号的部分,如应变式压力传感器由弹性元片和电阻应变片组成,其中电阻应变片是转换元件。辅助器件通常包括电源,如交流供电系统、直流供电系统。

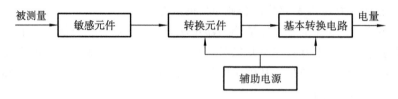

图 3-1　传感器的组成

(1)敏感元件:一种能够将被测量转换成易于测量的物理量的预变换装置,输入与输出间具有确定的数学关系(最好为线性),如弹性敏感元件将力转换为位移或应变输出。

(2)传感元件:将敏感元件输出的非电物理量转换成电信号(如电阻、电感等)的形式,如将温度转换成电阻变化,将位移转换为电感或电容。

(3)基本转换电路:将电信号量转换成便于测量的电量,如电压、电流、频率等。

有些传感器(如热电偶)只有敏感元件,感受被测量时直接输出电动势。有些传感器由敏感元件和转换元件组成,不需要基本转换电路,如压电式加速度传感器。还有些传感器由敏感元件和基本转换电路组成,如电容式位移传感器。有些传感器,转换元件不止一个,要经过若干次转换才能输出电量。大多数传感器是开环系统,但也有个别传感器是带反馈的闭环系统。

3.1.2 传感器的分类

传感器按工作原理可分为应变式传感器、压电式传感器、压阻式传感器、电感式传感器、电容式传感器、光电式传感器等。传感器通常根据基本感知功能分为热敏传感器、光敏传感器、气敏传感器、力敏传感器、磁敏传感器、湿敏传感器、声敏传感器、放射线敏感传感器、色敏传感器和味敏传感器等十大类。

与人类感觉器官功能相似的传感器有以下几类。

(1)触觉:压敏传感器、温敏传感器、流体传感器。

(2)嗅觉:气敏传感器。

(3)视觉:光敏传感器。

(4)听觉:声敏传感器。

(5)味觉:味敏传感器。

3.1.3 传感器的重要指标

传感器转换的被测量的数值处在稳定状态时,传感器输入与输出间的关系称为传感器的静态特性。描述传感器静态特性的主要技术指标有线性度、灵敏度、迟滞性、重复性、分辨力和零漂。

动态特性是指传感器测量动态信号时,输出对输入的响应特性。传感器测量静态信号时,由于被测量不随时间变化,所以测量和记录过程不受时间的限制。实际中大量的被测量是随时间变化的动态信号,传感器的输出不仅需要精确地显示被测量的大小,还要显示被测量随时间变化的规律,即被测量的波形。传感器能测量动态信号的能力用动态特性表示。

对传感器进行性能比较时,主要需要考虑以下几个方面的指标。

(1)阈值:零位附近的分辨力,也指能使传感器输出端产生可测变化量的最小被测输入量值。

(2)漂移:在一定的时间间隔内传感器输出量存在的与被测输入量无关的、不需要的变化,包括零点漂移与灵敏度漂移。

(3)过载能力:传感器在不致引起规定性能指标永久改变的条件下,允许超过测量范围的能力。

(4)稳定性:传感器在具体时间内仍保持性能的能力。

(5)重复性:对传感器输入量在同一方向做全量程内连续重复测量所得输出-输入特性曲线不一致的程度。产生不一致的主要原因是传感器的机械部分不可避免地存在着间隔、摩擦及松动等。

(6)可靠性:通常包括工作寿命、平均无故障时间、保险期、疲劳性能、绝缘电阻、耐压性等指标。

(7)传感器工作要求:高精度、低成本;高灵敏度;稳定性好;响应快;工作可靠;抗干扰能力强;动态特性良好;结构简单;使用和维护方便、功耗低等。

3.1.4　传感器的发展趋势

传感器发展到现在,小型化、智能化、集成化已经成为一种趋势。全球市场对传感器生产厂商的需求,对整个产业的提升和发展非常有利,尤其是工业、物流和健康产业的快速发展,有力地推动了传感器技术的发展。传感器新的发展趋势体现在以下几个方面。

(1)微型化:以手机为例,除了性能外,大家都在比哪家手机厂商的手机做得更薄,这也就要求手机使用的传感器具有小体积和低功耗的特征。

(2)组合传感器:由于手机内部空间有限,传感器嵌入后会降低手机内部空间的利用率,所以如何将5~10种传感器,甚至更多的传感器集成起来,做成一个组合传感器,就成了当下传感器厂商及设备厂商需要考虑的一个问题。

(3)无线传输:NB-IoT技术是一种优秀的无线传输技术,尤其是在工业物联网、物流等领域的应用,将会为相关行业的发展带来很大的帮助。物联网终端的规模和数量都很大,预计到2025年将会有750亿个物联网设备投入使用。其中,工业、物流、健康、医疗都将会是热门应用领域,都将有望达到千亿美元规模。这也将会进一步带动未来传感器行业的提升。

3.1.5　常用的传感器

在我们的工作和生活中,有很多传感器的存在,如图3-2所示,我们来认识一下常用的传感器。

1. 温度传感器

温度传感器用于测量热源中的热能,检测温度变化并将这些变化转化为数据。制造业中使用的机械通常要求环境和设备温度处于特定水平。同样,在农业内部,土壤温度是作物生长的关键因素。

2．湿度传感器

湿度传感器用于测量空气或其他气体中的水蒸气量。湿度传感器常见于工业和住宅领域的加热、通风和空调系统中,预测天气等场景。

3．红外传感器

红外传感器通过发射或检测红外辐射来感知周围环境的特征。红外传感器还可以测量物体发出的热量,广泛应用于各种不同的物联网项目中。

4．气体传感器

气体传感器用于监测或检测空气质量的变化,包括有毒、可燃或有害气体的存在。气体传感器广泛应用于采矿、石油和天然气、化学研究和制造等行业,包括许多家庭中常用的二氧化碳检测器。

5．光学传感器

光学传感器用于将光线转换成电信号。光学传感器有许多应用和使用案例。例如,在汽车行业中,汽车使用光学传感器来识别标志、障碍物和驾驶员在驾驶或停车时会注意到的其他东西。

6．液位传感器

液位传感器用于检测液体、粉末和颗粒状材料等物质的液位。例如,石油制造、水处理、饮料和食品制造工厂都使用液位传感器。

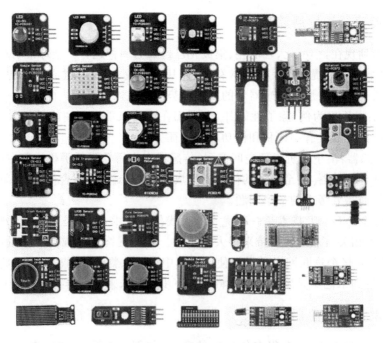

图 3-2　传感器实物图

3.1.6　MEMS 传感器

MEMS(micro-electro mechanical system,微电子机械系统)是将微处理器、微型传感器、微型执行器以及信号处理和控制电路、接口和电源等,集成于一体而形成的微型器件或系统。它是目前传感器技术发展的主要趋势。相对于传统的机械,MEMS 的尺寸更小,最大的不超过 1 cm,甚至仅仅为几个微米,厚度就更小了,具有小体积、低成本、集成化等特点。作为获取信息的关键器件,MEMS 传感器对各种传感装置的微型化起着巨大的推动作用,在诸多领域得到广泛的应用。

在智能手机和穿戴设备上,MEMS 传感器提供声音性能、场景切换、手势识别、方向定位和温度/压力/湿度检测等服务;在汽车上,MEMS 传感器借助气囊碰撞传感器、胎压监测系统(TPMS)和车辆稳定性控制增强车辆的性能。

在医疗领域,通过 MEMS 传感器成功研制出微型胰岛素注射泵,并使心脏搭桥移植和人工细胞组织成为现实中可实际使用的治疗方式;在可穿戴应用中,MEMS 传感器可实现运动追踪、心跳速率测量等。

汽车电子产业被认为是 MEMS 传感器的第一波应用高潮的推动者,MEMS 传感器可满足汽车环境苛刻、可靠性高、精度准确、成本低的要求。MEMS 传感器在汽车产业中有着大量的应用,包括车辆的防抱死制动系统(ABS)、电子车身稳定系统(ESP)、电子控制式悬架系统(ECS)、电子驻车制动系统(EPB)、斜坡启动辅助系统(HAS)、胎压监控系统(EPMS),以及引擎防抖、车辆倾角计量和车内心跳检测等。

无人机能够保持方向稳定、被用户精准操控,或者自动飞行,都依赖于惯性 MEMS 传感器。然而,无人机面临的一些挑战使无人机系统设计变得复杂。电机校准得不够完美、系统动力随负载不同而变化、运行条件迅速变换,或者传感器引入不准确的信息,这些都可能导致定位处理产生偏差,最终导致导航时出现位置错误,甚至导致无人机故障。无人机上高精度的惯性测量单元(IMU)、气压传感器、磁力计、专用传感器节点(ASSN)以及传感器之间的数据融合,都对无人机的飞行性能产生直接和实质性的影响。尺寸要求以及苛刻的环境和运行条件,如温度波动和振动,都将对传感器的要求提升到新的水平。MEMS 传感器必须尽可能地减少这些影响,并提供精准可靠的测量。

3.2　无线传感器网络

3.2.1　无线传感器网络概述

传感技术、无线通信技术与嵌入式计算技术的不断进步,推动低功耗、多功能传感器快速发展,使传感器在微小体积内能够集成信息采集、数据处理和无线通信等多种功能。无线传感器网络(wireless sensor network,WSN)成为物联网发展中的一个重要组成部分。

无线传感器网络是由部署在被监测区域内大量的廉价微型传感器节点组成,通过无线通信方式形成的一个多跳自组织网络系统。它协作地感知、采集、处理网络覆盖区域中感知对象的信息,并发送给观察者。无线传感器网络由传感器、感知对象、观察者三个要素构成。

1. 无线传感器网络的特征

目前无线网络可分为两种:一种是有基础设施的网络,需要有固定的基站;另一种是无基础设施的网络,又称无线自组织网络。生活中的手机、有线电视都需要大功率基站和天线信号提供支持。无线自组织网络的特点是:网络节点是分布式的,没有专门的固定基站,能够快速、灵活和方便地自动断网。

无线传感器网络是由大量静止或移动的传感器以自组织和多跳的方式构成的无线网络,它的特点如下。

(1) 大规模网络。

(2) 自组织网络。

(3) 动态性网络。

(4) 可靠的网络。

(5) 应用相关的网络。

(6) 以数据为中心的网络。

2. 无线传感器网络的结构

无线传感器网络中,传感器节点通常任意分布在被监测区域。无线传感器网络一般由传感器节点(sensor node)、汇聚节点(sink node)、基础设施网络(internet 或卫星)以及与用户交流的管理节点(manage node)四个部分构成。图 3-3 所示为无线传感器网络拓扑图。

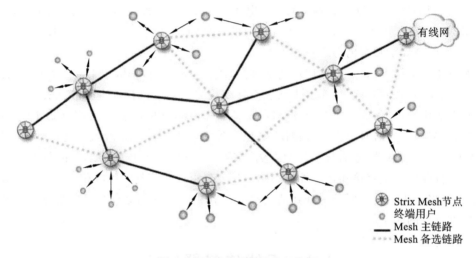

图 3-3　无线传感器网络拓扑图

无线传感器网络的工作方式为:监测区域内或监测对象周围的大量传感器节点,通过自组织形成一个感知网络,将采集到的数据经过多跳的方式进行传输或处理,最后传递到汇聚节点。当感知网络与管理节点相距较远时,可通过卫星、互联网或移动通信等途径将数据汇集到网络服务器。

3. 传感器节点的组成

传感器节点由能量供应模块、传感器模块、信息处理模块、无线通信模块等组成,如图 3-4 所示。传感器节点较为典型的产品有 TI 公司推出 CC2430/2530 等 ZigBee 无线模块。

1) 能量供应模块

能量供应模块为传感器节点的其他几个模块提供运行所需的能量。在不同的应用环境和应用目的下,能量供应模块可以采用多种灵活的供电方式,一般情况下采用电池供电。

2) 传感器模块

传感器模块负责被监测区域内信息的采集和转换。在不同的应用环境中,被监测物理信息的形式决定了传感器的类型。无线传感器网络对单个传感器节点的精度要求不必太高,利用被

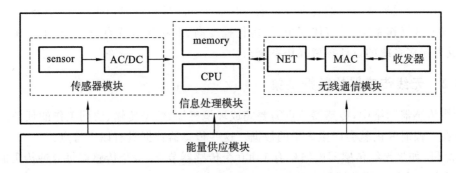

图 3-4　无线传感器节点的组成

监测区域内多点的测量数据,通过统计学方法也可以得到精度更高的数据。

3）信息处理模块

信息处理模块由微处理器和存储器组成,是传感器节点的核心,负责处理数据和系统管理,如设备控制、任务调度、数据融合等。

4）无线通信模块

无线通信模块负责传感器节点与其他节点的通信,交换控制信息和收发采集数据。由于数据传输会消耗节点能量,所以通常需要采用短距离、低功耗的无线通信模块。

无线传感器网络的重要设计目标是将大量可长时间感知、处理和执行任务的传感器节点部署在物理世界中。为此,要求传感器节点具有低成本、低功耗和微型化等特性。

4. 无线传感器操作系统

一方面,无线传感器网络是一种嵌入式系统,提供分布处理服务,具有动态性和适应性。另一方面,无线传感器网络由大量的具有通信能力的数据采集设备构成,主要特征为:灵活、自组织、资源限制严格,并且支持实时处理,以及长时间的单任务串行处理,同时大部分时间保持低功耗状态。

无线传感器网络的资源受限,需要精心设计软件系统,以满足可靠性的需求。另外,电池技术的发展并不足以满足长时间不维护的需求,硬件需要通过软件系统的管理才能充分发挥低功耗特性;软件系统需要最大限度地降低运算功耗和通信功耗。根据传感器的特点,相应的操作系统需要满足以下要求。

（1）由于每个传感器节点只有有限的计算资源和储存资源,因此操作系统代码量应尽可能少,复杂度应尽可能低。

（2）由于无线传感器网络的规模可能很大,网络拓扑动态变化,因此操作系统应适应网络规模和拓扑高度动态变化的应用环境。

（3）监测任务要求操作系统支持实时性,对被监测环境发生的事件能快速反应,并迅速执行相关的处理任务。

（4）无线传感器网络可能存在多个需要同时执行的逻辑控制,需要操作系统能够有效地适应这种发生频繁、并发程度高、执行过程比较短的逻辑控制流程。

（5）无线传感器节点的硬件模块化程度高,要求操作系统能够使应用程序方便地对硬件进行控制,且保证在不影响整体"开销"的情况下,应用程序的各部分能够比较方便地进行重新组合。

目前主流的无线传感器网络操作系统有 TinyOS、MantisOS、SOS、Contiki 等专用操作系统。其中,由加利福尼亚大学伯克利分校依托 SmartDust 项目开发出来的 TinyOS,是一个开源的轻量级嵌入式操作系统,具有体积小、结构化程度高、低功耗等优点,广泛应用于无线传感器网络中,成为很多系统的设计参考操作系统。

3.2.2　无线传感器的数据采集

在无线传感器网络中,传感器节点需要完成环境感知、数据传输、协同工作的任务。大量传感器节点在一段时间内就会产生大量的数据。这些传感器数据具有以下特点。

(1)海量:如果无线传感器网络中有 1 000 个传感器节点,每个传感器每分钟传出的数据是 1 KB,一天产生的物联网数据量大约为 1.4 GB。

(2)多态:不同类型的物联网数据有不同的数值范围、不同的表示格式、不同的单位、不同的精度。

(3)动态:物联网数据的动态性很容易理解,在不同的时间、由不同的传感器测量的数值都可能有变化。

(4)关联:物联网数据之间不可能是独立的,一定存在着关联性。例如,对于森林环境监测系统,如果同一时间、不同节点传感器传送的温度值在 15～18 ℃范围内,那么可以判断这片森林情况正常。

传感器种类繁多,我们介绍一款常见的温度传感器——DS18B20,了解传感器的使用方法,并通过单片机实时采集温度,借助通信模块,实现传感器的数据上云。

1. DS18B20 传感器简介

DS18B20 传感器是单线数字温度传感器,仅用一条信号线连接单总线的接口与微处理器,即可实现微处理器与 DS18B20 传感器的双向通信。单总线具有经济性好、抗干扰能力强、适用于恶劣环境的现场温度测量、使用方便等优点,使用户能够轻松地组建传感器网络。DS18B20 传感器的供电方式灵活,使用中不需要任何外围元件,可通过内部寄生电路从数据线上实现供电。DS18B20 传感器的测量范围为−55 ～＋125 ℃。在−10～＋85 ℃范围内,DS18B20 传感器的测量精度为 ± 0.5 ℃,测量分辨力可通过程序设定为 9～12 位。DS18B20 传感器内部有 EEPROM,掉电后仍可保存测量分辨力及报警温度的设定值,具有体积小、适用电压宽、经济等优点,适合用于构建经济的测温系统。

2. DS18B20 传感器的内部结构

DS18B20 传感器主要由四个部分组成:64 位 ROM、温度传感器、非挥发的温度报警触发器 TH 和 TL、配置寄存器。ROM 中的 64 位序列号是出厂前就光刻好的,可以看作 DS18B20 传感器的地址序列码,每个 DS18B20 传感器的 64 位序列号均不相同。ROM 的作用是使每一个 DS18B20 传感器各不相同,这样可以在一根总线上挂载多个 DS18B20 传感器。

DS18B20 传感器的引脚排列如图 3-5 所示。其中,GND 为电源地,DQ 为数字信号输入/输出端,VDD 为外接供电电源输入端(在寄生电源接线方式下接地)。

3. DS18B20 传感器的工作原理

DS18B20 传感器与 STC89C52 单片机的电路图如图 3-6 所示,它通过 1-wire 总线与 STC89C52 单片机引脚相连。其中,DS18B20 传感器的 1 号引脚接地,2 号引脚作为信号线,3 号引脚接 5 V 电源。STC89C52 单片机不支持单总线协议,需采用软件模拟单总线方式实现对 DS18B20 传感器的访问。

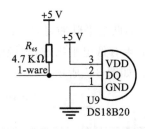

图 3-5 DS18B20 传感器的引脚排列

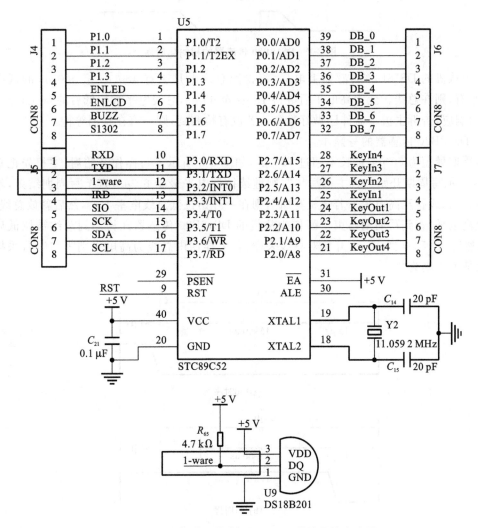

图 3-6 DS18B20 传感器与 STC89C52 单片机的电路图

DS18B20 传感器基于 1-wire 总线读写数据,因此对读写的数据位有着严格的时序要求。我们一起了解一下 DS18B20 传感器的时序信号:初始化时序、读时序、写时序。在工作过程中,单片机为主机,DS18B20 传感器为从机。每次传输命令和数据时,主机主动发起通信,即单片机主动访问 DS18B20 传感器,DS18B20 传感器的温度值才会被读取。双方通信时满足"低位在前,高位在后"的数据要求。

1）DS18B20 传感器的初始化

主机发出一个 480 μs 至 960 μs 的低电平脉冲，然后释放总线，将总线拉至高电平，在随后的 480 μs 时间内对总线进行检测，如果有低电平出现，则说明总线上有器件做出应答。若一直是高电平，则说明总线上无器件应答，如图 3-7 所示。

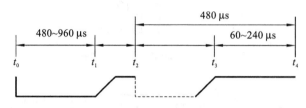

图 3-7　DS18B20 传感器的初始化时序

作为从机的 DS18B20 传感器上电后，将检测总线上是否有 480 μs 至 960 μs 的低电平出现，如果有，则在总线转变为高电平后等待 15 μs 至 60 μs，总线电平被拉低后的 60 μs 至 240 μs 内，做出响应，告诉主机本器件已做好准备。若没有检测到，则一直在检测等待。

2）DS18B20 传感器的写操作

写周期最短为 60 μs，最长不超过 120 μs，如图 3-8 所示。写操作开始后，主机先把总线拉低 1 μs 表示写周期开始。若主机写"0"，则继续拉低电平最少 60 μs，直至写周期结束，然后释放总线，将总线拉至高电平。若主机写"1"，则在一开始拉低总线电平 1 μs，然后释放总线，将总线拉至高电平，直到写周期结束。而作为从机的 DS18B20 传感器在检测到总线被拉低后等待 15 μs，然后从 15 μs 到 45 μs 开始对总线采样，若采样期内总线为高电平则为"1"，若采样期内总线为低电平则为"0"。

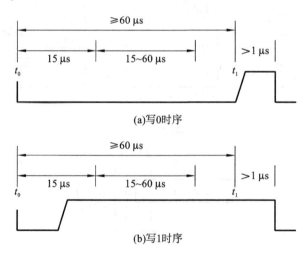

(a)写0时序

(b)写1时序

图 3-8　DS18B20 传感器的写时序

3）DS18B20 传感器的读操作

读操作时序分为读"0"时序和读"1"时序两个过程。读操作时序开始后，主机把总线拉低之后，1 μs 后释放总线，将总线拉至高电平，DS18B2 传感器将数据发送到总线上。DS18B20 传感器检测到总线被拉低 1 μs 后，开始送出数据，若发送"0"，则总线拉为低电平直到读周期结束；若发送"1"，则释放总线，将总线拉至高电平。主机拉低总线 1 μs 后释放总线，采样期内总线为低电平,主机读取值为"0";采样期内总线为高电平,主机读取值为"1"。完成一个读时序过程, 至少需要 $60~\mu s$。

DS18B20 传感器的读操作如图 3-9 所示。

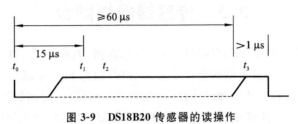

图 3-9　DS18B20 传感器的读操作

4. 软件设计

系统程序主要包括主程序、读出温度子程序、温度转换子程序、计算温度子程序、通信子程序等。

1) 主程序

主程序完成 DS18B20 传感器的初始化工作,进行读温度,将温度转换成为压缩 BCD 码,并显示 DS18B20 传感器所测得的实际温度。

2) 读出温度子程序

读出温度子程序的主要功能是读出 RAM 中的 9 字节,读出时需要进行 CRC 校验,校验有错时不进行温度数据的改写。

3) 温度转换子程序

温度转换子程序的主要功能是发出温度转换开始命令,当采用 12 位测量分辨力时转换时间约为 750 ms,在本程序设计中采用 1 s 显示程序延时法等待转换的完成。

4) 计算温度子程序

计算温度子程序的主要功能是将 RAM 中读取值进行 BCD 码的转换运算,并进行温度值正负的判定。

5) 通信子程序

通信子程序的主要功能是将传感器采集处理后的数据,通过单片机串口发送给上位机或无线通信模块。

3.2.3　无线传感器网络与物联网的关系

物联网是在计算机互联网技术的基础上,利用各种通信技术建造的一个范围广阔的网络。物联网中各个物体可以相互沟通协调,它的本质是利用自动识别技术,实现物品之间的识别和信息协调,是自动识别技术与互联网的综合运用。

无线传感器网络是由部署在被监测区域内大量的廉价微型传感器节点组成,通过无线通信方式形成的一个多跳自组织网络系统。它通过集成化的微型传感器,协同地实时监测、感知、采集和处理网络覆盖区域中各种感知对象的信息,并对信息资料进行处理,再通过无线通信方式发送,以多跳自组织网络方式传送给信息用户,以此实现数据收集、目标跟踪以及报警监控等各种功能。

很多人对这两个概念混淆不清。实际上物联网更广泛,物联网分为感知及控制层、网络层、平台服务层、应用服务层;而无线传感器网络处于感知及控制层,是物联网信息的获取通道,用于各类环境、设备的参数监测。无线传感器网络是物联网的重要组成部分。

3.3　传感器数据融合

传感器网络具有数量和类型的多样性,包含目标探测、数据关联、跟踪识别、情况评估与预测等几个方面。运用多传感器数据融合技术解决探测、跟踪和目标识别等问题,具有增强系统生存能力,提高整个系统的可靠性和健壮性,增强数据的可信度,提高精度,扩展系统的时间、空间覆盖率,增加系统的实时性和信息利用率等优点。数据融合,犹如人脑处理复杂问题,具有将人类身体上的各种器官(眼、耳、鼻和四肢等)所探测的信息(景物、声音、气味和触觉等)与先验知识进行综合的能力,以便对周围的环境和正在发生的事件做出评估。数据融合处理过程中,涉及多种不同的数据融合算法(见图 3-10)。

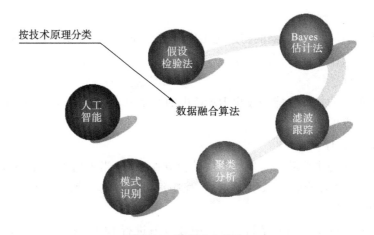

图 3-10　数据融合算法

多传感器的数据融合算法一直受到人们的重视。目前多传感器数据融合的常用算法大致可分为两大类:随机算法和人工智能算法。数据融合的不同层次对应不同的算法,包括加权平均融合、卡尔曼滤波、Bayes 估计、统计决策理论、概率论方法、模糊逻辑推理、人工神经网络、D-S证据理论等。

多传感器数据融合技术的基本原理是将各传感器进行多层次、多空间的信息互补和优化组合处理,最终产生对被监测环境的一致性解释。在这个过程中,要充分地利用多源数据,合理支配多源数据,数据融合的最终目标是基于各传感器获得的分离监测信息,进行多级别、多方面的分析,以得到更多有用的信息。多传感器数据融合技术不仅利用了多个传感器相互协同操作的优势,也综合处理了其他信息源的数据,提高了整个传感器系统的智能化。

数据融合系统的体系结构有三种:分布式、集中式和混合式。

1. 分布式数据融合

分布式数据融合先对各个独立的传感器所获得的原始数据进行局部处理,然后将结果送入数据融合中心进行智能优化组合,进而获得最终的结果。分布式对通信带宽的需求低、计算速度快、可靠性和延续性好,但跟踪的精度远没有集中式高。分布式数据融合结构又可以分为带反馈的分布式数据融合结构和不带反馈的分布式数据融合结构。

特点:每个传感器都具有估计全局信息的能力,任何一个传感器的失效都不会导致系统的崩溃,各传感器之间互通信息,系统的可靠性和容错性高,计算和通信负担比集中式要轻,融合精度不如集中式好。

2. 集中式数据融合

集中式数据融合将各传感器获得的原始数据直接送至中央处理器进行融合处理。集中式可以实现实时数据融合,数据处理的精度高,算法灵活,但是对处理器的要求高,可靠性较低,数据量大,故难以实现。

特点:结构简单,精度高,数据融合速度快,各数据融合中心计算和通信负担过重,系统容错性差,低层传感器之间缺乏必要的联系。

3. 混合式数据融合

在混合式数据融合结构中,部分传感器采用集中式数据融合方式,剩余的传感器采用分布式数据融合方式。混合式数据融合结构具有较强的适应能力,兼顾了集中式数据融合和分布式数据融合的优点,稳定性强。混合式数据融合结构比前两种数据融合结构复杂,加大了通信和计算上的代价。

特点:数据从低层到高层逐层参与处理,高层节点接收低层节点的数据融合结果,在有反馈时,高层数据也参与低层节点的融合处理;传感器之间是一种层间有限联系的关系,计算和通信负担介于集中式数据融合结构和分散式数据融合结构之间。

3.4　案例分析——无人驾驶

自动泊车、公路巡航控制和自动紧急制动等自动驾驶汽车功能在很大程度上是依靠传感器实现的。重要的不仅仅是传感器的数量或种类,还有它们的使用方式。目前,在路面上行驶的大多数车辆内的 ADAS(高级驾驶辅助系统)都是独立工作的,这意味着它们彼此之间几乎不交换信息。把多个传感器数据融合起来,是实现自动驾驶的关键,如图 3-11 所示。

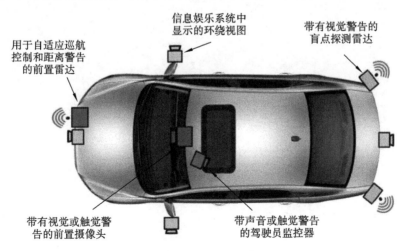

图 3-11　无人驾驶

ADAS 是目前智能汽车发展的重要方向,它的手段是通过多传感器数据融合,为用户打造稳定、舒适、可靠、可依赖的辅助驾驶功能,如车道保持(lane keeping assist,LKA),前碰预警(forward collision warning,FCW),行人碰撞警告(pedestrian collision warning,PCW),交通标志识别(traffic sign recognition,TSR),车距监测报告(head monitoring and warning,HMW)等。多传感器数据融合,目的在于发挥数据信息的冗余性,为数据信息的可靠分析提供依据,从而提高准确率,降低虚警率和漏检率,实现辅助驾驶系统的自检和自学习,最终实现智能驾驶、安全驾驶的最终目标。

传感器帮助我们更加全面、细致、深刻地认清物理世界,大家可以尝试用熟悉的传感器做些有趣的小实验。例如,用光敏传感器和声音传感器,启动电机,模拟早上起床后,唤醒窗帘机,打开窗帘。

第4章
物联网网关与边缘计算

传统网关实现办公计算机等设备接入互联网,实现数据交换、资源共享。传统网关俗称网络连接器、协议转换器,实现网络设备间的物理连接、协议转换、数据交换等功能。它们既可以用于广域网互联,也可以用于局域网互联。

物联网网关是传统设备接入物联网的关键要素。它集成了网络协议,可在边缘设备和云服务器之间实现数据流的安全交互。物联网网关在无线传感器网络与互联网之间架起了一座桥梁,在物联网应用中发挥着重要作用,有助于无线传感器网络和互联网的无缝对接,并有效管理和控制无线传感器网络。

物联网网关与传统网关有较大的区别。物联网网关是物联网系统中连接感知及控制层与网络层的纽带,实现局域网与互联网的通信,解决异构网络间的协议转换问题。此外,物联网网关还具备设备管理功能,通过物联网网关可以管理底层的各感知节点,查看各节点的相关信息,并实现远程控制。此外,物联网网关具有定制化特征,而传统网关具有通用性特点;物联网网关产品数量少且价格较高,而传统网关产品数量多、规格多、价格透明。

4.1　传统网关与物联网网关

顾名思义,网关(gateway)是一个网络连接到另一个网络的“关口”。众所周知,从一个房间走到另一个房间,必然要经过一扇门。同样,从一个网络向另一个网络发送信息,也必须经过一道“关口”,这道关口是网关。作为互联网通信设备,传统网关起着网络间连接和协议转换的重要作用。

4.1.1　传统网关

传统网关是指 TCP/IP 协议下的网关,在不同类型的通信技术之间起桥梁作用。例如,家中的 Internet 网关将局域网(LAN)与 Internet 服务提供商(ISP)连接起来,如图 4-1 所示。传统网关在网络层以上实现网络互联,是复杂的网络互联设备,用于两个高层协议不同的网络互联。传统网关既可以用于广域网互联,也可以用于局域网互联,是一种完成转换任务的计算机系统或设备。使用在不同的通信协议、数据格式或语言,甚至体系结构完全不同的两种系统之间的网关相当于一个翻译器。与网桥只是简单地传达信息不同,传统网关要对收到的信息重新打包,以适应目的系统的需求。

在没有路由器的情况下,两个网络之间是不能进行 TCP/IP 通信的,即使两个网络连接在同一台交换机(或集线器)上,TCP/IP 协议也会根据子网掩码(255.255.255.0)判定两个网络中的主机处在不同的网络。要实现这两个网络之间的通信,必须使用网关。网络 A 中的主机如果发现数据包的目的主机不在本地网络中,就把数据包转发给它自己的网关,再由它自己网关转发给网络 B 的网关,网络 B 的网关再转发给网络 B 的某个主机。网络 B 向网络 A 转发数据包的过程亦然。

按照不同的分类标准,传统网关也有很多种。传统网关按功能大致分为以下三类。

1. 协议网关

顾名思义,协议网关在不同协议的网络之间实现协议转换。不同的网络有不同的数据封装格式、不同的数据分组大小、不同的传输速率。这些网络之间的数据共享、交流是不可或缺的,为了消除不同网络之间的差异,使得数据能顺利流通,我们需要一个专门的“翻译人员”,也就是

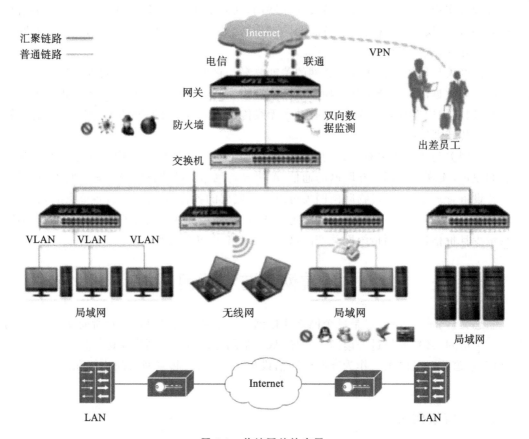

图 4-1　传统网关的应用

协议网关。通过协议网关,不仅能够使一个网络"理解"其他的网络,而且能够使不同的网络连接起来,形成一个巨大的互联网。

2. 应用网关

应用网关是针对一些专门的应用而设置的,主要作用是将某个服务的一种数据格式转化为该服务的另外一种数据格式,从而实现数据交流。应用网关常作为某个特定服务的服务器使用,同时具备网关的功能。最常见的应用网关是邮件服务器。我们知道电子邮件有好几种格式,如 POP3、SMTP、FAX、X.400、MHS 等,如果 SMTP 邮件服务器提供了 POP3、SMTP、FAX、X.400 等格式的网关接口,那么我们就可以毫无顾忌地通过 SMTP 邮件服务器向其他服务器发送邮件。

3. 安全网关

最常用的一种安全网关是包过滤器,它主要用于对数据包的原地址、目的地址和端口号、网络协议进行授权。通过对这些信息的过滤处理,让有许可权的数据包通过网关,而拦截甚至丢弃那些没有许可权的数据包。这跟软件防火墙有一定的相似之处,但与软件防火墙相比,安全网关数据处理量大、处理速度快,可以很好地对整个本地网络进行保护,而不对整个网络造成瓶颈。

此外,微软公司从网关的日常功能出发,提出了另一种传统网关的分类方案:将传统网关分为数据网关(主要用于进行数据吞吐的简单路由器,为网络协议提供传递支持)、多媒体网关(除了数据网关具有的特性外,还具有针对音频和视频内容传输的特性)、集体控制网关(实现网络上的家庭控制和安全服务管理)。

4.1.2 物联网网关

物联网网关将分散在不同区域、具有不同应用的感知及控制层设备,基于互联网连接在一起,实现异构网络间的信息交换和通信。在物联网的体系架构中,在感知及控制层和网络层之间需要有一个中间设备,那就是物联网网关。作为一种特殊装置,物联网网关允许传统工业设备通过互联网上报数据,使不同协议或不同系统的设备相互交流,允许传感器装置将数据发送到云服务器。

一些传感器、机电设备等物理装置,自身不具备网络通信能力,需要通过蓝牙、ZigBee、Modbus 等通信方式,实现局域网内的数据交互与控制;再通过 WiFi、GSM 或其他类型的连接方式,为这些传统设备提供外部连接,实现互联网的数据存储、计算和分析,如图 4-2 所示。"云-关-端-点"的物联网结构,充分体现了物联网网关的核心地位。物联网网关不仅支持数据从感知及控制层到网络层的流通,还会对现场信息进行预处理、数据过滤和数据聚合,支持局域网内传统设备的监控,快速查看各个传感器的实时数据和预警状态等。

图 4-2　物联网网关

一般来说,设备与云平台有两种交互方式:一种是直连型,即设备直接连接云平台,如图 4-3 所示;另一种是网关型,即设备借助物联网网关连接云平台,尤其是在工业控制领域,如图 4-4 所示。例如,对于汽车中的传感器数据,先汇聚到车内的物联网网关进行预处理,经过数据清洗、过滤、加密后,再发送到云服务器。

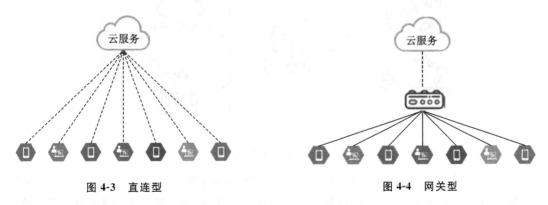

图 4-3　直连型　　　　　　　　　　　　　　图 4-4　网关型

目前,不同应用领域的物联网网关,所使用的协议和形态存在差异,但它们的基本功能都是汇聚感知及控制层的采集信息,再通过特定协议将标准数据发送到云服务器,同时实现局域网内的设备管理功能。物联网网关的技术优势主要体现在以下几个方面。

1. 物联网网关可提升数据质量

节点设备产生的数据,并非都是有意义的,物联网网关在预处理环节将汇聚的数据进行过滤,丢弃无序的垃圾数据。有价值的时序数据,不仅可以提高物联网网关的计算和存储效率,还可以有效降低数据的网络传输成本和云服务器的计算成本。

2. 物联网网关可提高物联网数据的安全性

节点设备直接连接云服务器,会让设备的通信链路和数据信息暴露在互联网上,一旦发生非法入侵,后果是非常严重的。而物联网网关提供了第一道防线,切断了节点设备与 Internet 的直接访问。物联网网关的安全机制,可以大幅度提升局域网内的节点设备安全。

3. 物联网网关可降低通信能耗

能量供给是物联网节点设备的常见问题,节点设备的待机时间是一个重要的技术指标。节点设备长时间连接蜂窝塔或卫星,会消耗大量电能,造成设备不能长期工作。但无线节点设备通过缩短信号传输距离、连接附近的物联网网关,可有效降低通信能耗,延长自身的工作时间。

4. 物联网网关可推进数据互联互通

目前,物联网通信协议和数据格式没有统一的标准,数据互联互通,制约了物联网领域的发展。例如,Z-Wave 适用于无线智能家庭网络,RuBee 适用于恶劣工作环境,WirelessHART 适用于工业监控领域。通过物联网网关,可以在特定领域规范通信标准,从而推动设备间实现互联互通。

4.2 深入学习物联网网关

4.2.1 物联网网关的需求分析

物联网系统是一个生态系统,每个环节都是不可或缺的,包含了云、关、端、点四个方面的内容,如图 4-5 所示。

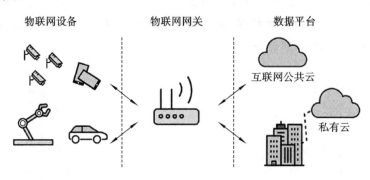

图 4-5 物联网系统示意图

(1) 节点设备:位于感知及控制层,一般包含三种元素,即传感器、执行器和节点处理器。其中,传感器用于测量实际数据,执行器用于执行相应的功能,节点处理器用于汇集传感器的数据和执行器的指令。

(2) 物联网网关:物联网系统中的一个重要组成部分,是传感器、执行器和云之间的媒介,用于实现本地传感器和远程用户之间的通信，并完成其他的相关功能。

（3）云服务器：用于整个物联网系统的监控和管理，与多个物联网网关或具有通信功能的节点设备相连接，对收集和存储的数据进行分析。

（4）应用层：包含面向用户的客户端或接口，用于访问和控制物联网设备或其他服务。

其中，物联网网关是云服务器和节点设备间的连接器，需要具备通信能力、管理节点的能力、数据汇聚能力、数据解析能力等，从而协助节点设备的数据到达云层，并使云层反向交互的指令能够返回节点设备。物联网网关的功能分析如下。

1. 物联网网关的网络接入能力

近距离通信的技术标准很多，常见的 WSN 技术包括 LonWorks 技术、ZigBee 技术、6LoWPAN 技术等。这些技术均主要针对某一类应用，相互间缺乏兼容性和体系规划。国内外已经在展开对物联网网关的标准化工作，以求实现各种通信技术标准的互联互通。此外，网关设计还需要考虑 4G、3G、WiFi、PPPoE、Ethernet 等网络通信能力。

2. 物联网网关的协议转换能力

物联网设备接入不同的网络，需要进行网络间的协议转换。物联网网关将底层数据统一封装，实现异构网络数据和信令的统一，并将云服务器下发的数据包解析成感知及控制层可识别的信令和控制指令。其中：设备通信协议非常多，包括 Modbus、485/232、行业企业的通信协议（施耐德、台达、三菱、西门子、欧姆龙、倍福等私有协议）；云服务器主要采用 TCP/IP 协议之上的 HTTP 协议、MQTT 协议等通信协议。

3. 物联网网关的设备管理能力

设备管理能力涉及对物联网网关的管理，如注册管理、权限管理、状态监管等。物联网网关负责局域网内节点设备的管理，如获取节点的标识、状态、属性、能量等，以及远程唤醒、控制、诊断、升级和维护等。因为局域网通信技术的标准不同，协议的复杂性有差异，所以网关的管理能力有很大的区别。

4. 物联网网关的安全性和可靠性

物联网网关的数据安全性和可靠性，是关系到大规模物联网成败的关键要素。网络化程度越高，数据安全就越重要。安全问题应落实到每一个设计阶段，而设计任务完成后再增加安全功能的做法是错误的。同时，没有系统是完美无缺的，网关需要较强的可维护性。物联网网关和节点需要支持现场维护和更新功能、远程维护功能。

总之，物联网网关是物联网系统的重要组成部分，针对不同的应用需求，它的设计也有较大的差异。

4.2.2　物联网网关的硬件环境

物联网网关是可见的，一般部署在现场，连接本地各种有线或无线设备。物联网网关硬件选型很丰富，可采用 ARM 架构，也可采用 X86 架构；可采用专用服务器，也可采用工控主机。作为一个数据汇聚转发的枢纽，物联网网关必须有一个强大的"芯"，所以根据实际需求选择相应的处理器，相应的指标主要包括计算性能、存储性能、通信能力等。一般来说，网关选型大致有三个层次，这里介绍三个较为典型的开发板（分别采用 STM32 处理器、ARM 处理器和 X86 处理器）。

1. STM32 处理器

STM32 处理器是基于 ARM Cortex 内核的 32 位微控制器,为 MCU 和 MPU 用户开辟了一个全新的自由开发空间,并提供各种易于上手的软硬件辅助工具。它集高性能、实时性、数字信号处理、低功耗、低电压于一身,同时具有高集成度和开发简易的特点。业内最强大的产品阵容,基于工业标准的处理器,大量的软硬件开发工具,使 STM32 处理器成为各类中小项目和完整平台解决方案的理想选择(官方网站:https://www.stmcu.com.cn/)。STM32 处理器的芯片选型如图 4-6 所示。

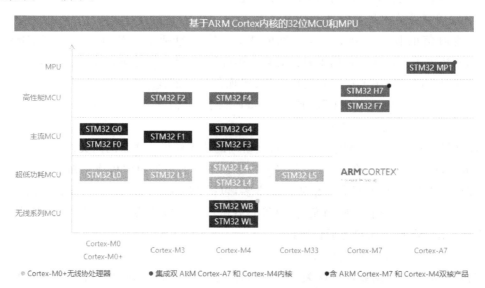

图 4-6　STM32 处理器的芯片选型

此外,ST 公司推出一款物联网套件 B-L475E-IOT 01A,如图 4-7 所示。它采用低功耗 MCU 系列中的 STM32L475 芯片,拥有 1 MB 的 Flash 和 128 KB 的 SRAM;支持 WiFi、蓝牙、SubG、NFC 等多种无线连接方式。它还支持 Arduino 接口,使用者可以很方便地通过 Arduino 接口来扩展其他无线连接模块,如 GSM 模块。这块开发板集成 64 Mb 的 QUAD SPI Flash,搭载多种传感器,如温湿度传感器、高性能 3 轴磁力计、加速度传感器、陀螺仪、红外传感器和压力传感器等。值得一提的是,板上还有两个数字全角度麦克风。基于这块开发板,可实现语音控制功能。在软件支持方面,ST 公司和百度推出连接百度智能云天工物联网的软件包,支持 MQTT 的消息订阅和发布,便于开发者开展物联网应用设计。

2. ARM 处理器

ARM 处理器具有信息处理能力强、功耗低、运算速度快、灵活性强、安全性和可靠性好、性价比较高等特点。因此,物联网网关大多采用 ARM 处理器。为了帮助大家快速了解 ARM 处理器,这里给大家介绍树莓派 ED-IoT GATEWAY1.0,如图 4-8 所示。

这款开发板基于 Raspberry Pi Compute Module,支持 CM3+/CM3/CM1 全系列产品。它提供丰富的无线通信接口,包括 WiFi 接口、蓝牙接口、4G/LTE 接口(可选)和 LoRa 接口(可选);也支持各种通信接口,如 10/100 Mb 以太网接口、USB2.0 接口、UART 接口以及 RS485 接口;板载 2Kb EEPROM 和 32Mb 串行 Flash,用于存储系统配置参数和用户数据。该系统可以通过 WiFi、蓝牙和 LoRa 组网,设备节点可通过 10/100Mb 以太网,或 4G/LTE 无线模组连

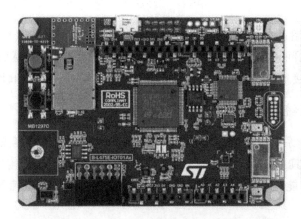

图 4-7　物联网套件 B-L475E-IOT 01A

图 4-8　树莓派 ED-IoT GATEWAY1.0

接云服务器。CSI 接口支持高分辨率的摄像头,DSI 接口支持 MIPI 接口的液晶显示器,利用 Raspberry Pi Compute Module 强大的视频编解码能力支持各种视频应用。板载 RTC、温度传感器和低压检测电路,使处理器能实时监控系统工作的环境和状态,在高温或电源跌落前,容许系统提前存储重要的用户数据和现场数据,保证系统可靠地工作。

3. 英特尔处理器

Java 运行环境是物联网网关解决方案的最重要的应用开发组件之一,因此在有些物联网监控场景中,英特尔处理器作为网关服务器也是较为常见的。下面介绍两款可用于物联网网关部署的企业级产品。

1) Dell Edge Gateway 5000 网关

Dell Edge Gateway 5000 网关专门面向物联网,为专业的运维人员提供了成本效益的安全性和可管理性工具。该网关由低功耗英特尔 Atom E3825 处理器供电,支持 Ubuntu Core 15.04 操作系统。它采用无风扇设计,支持导轨式安装,是商业、工业环境的理想选择。该网关支持极端工作环境,能够在 $-30\ ℃$ 到 $70\ ℃$ 的环境中正常运行。Dell Edge Gateway 5000 网关配备 2 GB DDR3L 内存和 32 GB 固态硬盘。

2）华为 AR530 网关

华为 AR530 网关支持宽温度范围，采用无风扇设计，且防护等级高（IP51）。华为 AR530 网关能够在－40 ℃到 60 ℃之间正常工作，能够防尘、防水、抗电磁干扰，采用模块化设计，并集成了各种类型的接口，如 GE 接口、3G 接口、电力通信（PLC）接口、BPL 接口、ZigBee 接口等。

4.2.3 物联网操作系统

物联网操作系统是以操作系统内核（可以是 RTOS、Linux 等）为基础，包括文件系统、图形库等较为完整的中间件组件，具备低功耗、安全、通信协议支持和云服务器连接能力的软件平台。物联网操作系统对内存、能耗、通信能力、实时计算能力、安全性、可靠性等有着特殊的要求。

1. 内核的特点

1）内核尺寸伸缩性强，可适配不同配置的硬件平台

一般来说，内核尺寸需维持在 10 KB 左右，具备基本的任务调度和通信功能，同时内核必须具备完善的线程调度、内存管理、本地存储等功能，以及复杂的网络协议、图形用户界面等，以满足高配置的智能物联网终端的要求。

2）内核实时性强，以满足关键应用的需要

大多数物联网设备的关键性动作，必须在有限的时间内完成，否则将失去意义。内核的实时性包含很多层面的意思，首先是中断响应的实时性，一旦外部中断发生，操作系统必须在足够短的时间内响应中断并做出处理。其次是线程或任务调度的实时性，一旦任务或线程所需的资源或运行条件准备就绪，必须能够马上予以处理。

3）内核架构可扩展性强

物联网操作系统的内核，应该设计成一个框架，这个框架定义了一些接口和规范，只要遵循这些接口和规范，可以很容易地在操作系统内核上增加新的功能和新的硬件。因为物联网的应用环境具备广谱特性，要求操作系统能适应新的应用环境。内核应该有一个基于总线或树结构的设备管理机制，可以动态加载设备驱动程序或其他核心模块。同时，内核应具备外部二进制模块，或应用程序的动态加载功能。这些存储在外部介质上的应用程序，只需要进行调整或开发，而无须修改内核，即可满足特定的行业需求。

4）内核应足够安全和可靠

物联网应用环境具有自动化程度高、人为干预少的特点，这要求内核必须足够可靠，以支撑长时间的独立运行。安全对物联网来说更加关键。例如，一个不安全的内核被应用到国家电网控制当中，一旦被外部侵入，造成的影响将无法估量。为了加强安全性，内核应支持内存保护、异常管理等机制，以在必要时隔离错误的代码。另外一个安全策略是不开放源代码，或者不开放关键部分的内核源代码。不公开源代码只是一种安全策略，并不代表不能免费适用内核。

5）节能省电，以支持足够的电源续航能力

操作系统内核应该在 CPU 空闲的时候，降低 CPU 运行频率，或干脆关闭 CPU。对于周边设备，也应该实时判断它的运行状态，一旦进入空闲状态，立即切换到省电模式。同时，操作系统内核应最大限度地降低中断发生频率，如在不影响实时性的情况下把系统的时钟频率调到最低，以尽可能地节约能源。

2. 外围模块的特点

1）支持远程升级

操作系统核心、设备驱动程序、应用程序等远程升级能力，是物联网操作系统的基本功能。该特性可大大降低维护成本，远程升级完成后，网关系统原有配置和数据，能够继续运行使用。即使在升级失败的情况下，操作系统也能恢复到原有的运行状态。远程升级和维护是支持物联网操作系统大规模部署的主要措施之一。

2）支持常用的文件系统和外部存储

物联网操作系统支持 FAT32/NTFS/DCFS 等文件系统，支持硬盘、USB stick、Flash、ROM 等常用存储设备。在网络连接中断的情况下，外部存储功能会发挥重要作用。例如，网络故障时，感知及控制层的状态数据需要先存储，待网络恢复后再上传到云服务器。

3）支持远程配置、诊断、管理等功能

物联网操作系统不仅具有远程操作能力，如远程修改设备参数、远程查看运行信息等，还应具备更深层面的交互能力，如远程查看操作系统内核状态，远程调试线程或任务，异常宕机时进行修复。这些功能不仅需要外围应用的支持，还需要内核自身的支持。

4）支持完善的网络功能

物联网操作系统必须支持 TCP/IP 协议栈，包括对 IPv4 和 IPv6 的同时支持。这个协议栈要具备灵活的伸缩性，以适应裁剪需要。例如，可以通过裁剪，使得协议栈支持 IP/UDP 等协议，以减小代码尺寸。另外，物联网操作系统必须支持丰富的 IP 协议族，如 Telnet/FTP/IPSec/SCTP 等协议，以适用于智能终端和高安全可靠的应用场合。

5）支持常用的物联网无线通信功能

物联网操作系统需要支持 GPRS、3G、4G、WLAN、Ethernet 等以太网通信方式，同时支持 ZigBee、NFC、RFID 等近距离通信功能。这些不同的协议能相互转换，把一种协议的数据报文转换成另一种协议的数据报文并发送出去。此外，物联网操作系统还应支持短信的接收和发送、语音通信、视频通信等功能。

6）内置 JSON 数据格式解析功能

不同的行业或不同的领域之间存在信息孤岛。JSON 数据格式的数据共享可以打破这个壁垒，JSON 数据标准在物联网领域会得到更广泛的应用。物联网操作系统应支持 JSON 数据格式，统一采用 JSON 数据格式进行通信、存储、计算等。

7）支持 GUI 图形化界面功能

物联网网关基于 GUI 图形化界面实现用户和设备的交互。GUI 模块定义了一个完整的图形化框架，以方便图形功能的扩展。常用的图形元素有文本框、按钮、列表等。GUI 模块与操作系统核心分离，支持二进制的动态加载功能，即操作系统核心根据应用程序需要，动态加载或卸载 GUI 模块。GUI 模块的效率要高，从用户输入确认到具体的动作开始执行之间的时间要短。

8）支持从外部存储介质中动态加载应用程序

物联网操作系统应提供 API，以方便应用程序调用，API 根据操作系统所加载的外围模块实时变化。例如，在加载 GUI 模块的情况下，需提供 GUI 模块的系统接口，但是在没有 GUI 模块的情况下，就不需提供 GUI 模块的系统接口。同时操作系统与 GUI 模块等外围模块、应用程序模块采用二进制分离，操作系统能够动态地从外部存储介质上按需加载应用程序。这种结构使整个操作系统具备强大的扩展能力。操作系统内核和外围模块(GUI 模块、网络等)提供基础支持,而各种行业应用通过应用程序来实现。

3. 集成开发环境的特点

集成开发环境是构筑行业应用的关键工具,物联网操作系统应提供方便灵活的开发工具,以开发出适合的应用程序。集成开发环境应足够成熟并得到广泛应用,以降低应用程序的上市时间。集成开发环境应具备以下特点。

(1) 物联网操作系统应提供丰富灵活的 API,供程序员调用,这些 API 应该支持多种语言,如 C/C++、Java、Basic 等程序设计语言。

(2) 充分采用已有的集成开发环境,如 Eclipse、Visual Studio 等集成开发环境,这些集成开发环境具备广泛的应用基础,可以从 Internet 上获得良好的技术支持。

(3) 除配套的集成开发环境外,还应定义和实现一种紧凑的应用程序格式,以适用物联网的特殊需要。通过对集成开发环境的定制开发,使集成开发环境生成的代码遵循这种格式。

(4) 提供一组方便应用程序开发和调试的工具,如应用程序下载工具、应用程序远程调试工具等,以支撑整个开发过程。

总之,物联网操作系统的内核、外围模块、集成开发环境等,都是重要的平台支撑。物联网操作系统是行业应用的基础,只有具备强大灵活的系统功能,才能孕育出更多、更好的物联网应用。

4. 典型的物联网操作系统

在物联网设备与技术不断增加的背景下,物联网系统将会迎来多个发展路径。总体来说,主要是两类:一类基于 Linux、Android、iOS 等操作系统进行裁剪和定制,以适应物联网设备接入的需求;另一类以传统操作系统为基础,通过增加联网功能,形成一种新的物联网操作系统。目前,较为典型的物联网操作系统如下。

1) ARM Mbed OS

ARM Mbed OS 是基于 ARM Cortex-M 处理器的设备设计的免费操作系统。它将物联网所需的所有基础组件,包括安全组件、通信传输组件与设备管理组件等,整合为一套完整软件,以协助开发低功耗、产品级的物联网设备并实现量产,主要支持 ARM Cortex-M 处理器,如STM32F429、STM103 等。

2) FreeRTOS

FreeRTOS 是针对嵌入式设备的开源实时操作系统,支持众多的微处理器。FreeRTOS 有三个商业性质的衍生版本:SafeRTOS(安全保障方面的专业设计与增强)、Amazon FreeRTOS(与 AWS 云服务的连接),以及 OpenRTOS(商业许可方面的改进以及技术支持与咨询服务)。

3) RT-Thread

RT-Thread 诞生于 2006 年,是一款以国产、开源、社区化发展起来的物联网操作系统。RT-Thread 主要采用 C 语言编写,浅显易懂,且具有方便移植的特性(可快速移植到多种主流MCU 及模组芯片上)。RT-Thread 把面向对象的设计方法应用到实时系统设计中,使得代码风格优雅、架构清晰、系统模块化并且可裁剪性非常好。类似于 FreeRTOS 的实时操作系统,RT-Thread 支持大量的微处理器架构。

4) LiteOS

LiteOS 是华为面向 IoT 领域设计出的一套统一的物联网操作系统和中间件软件平台。该系统具有轻量化(内核小于 10 KB)、低功耗(1 节 5 号电池最多可以工作 5 年)等特点,具有快速启动、互联互通、安全可靠等关键能力,为开发者提供"一站式"软件服务能力,能够有效降低开发门槛、缩短开发周期。目前 LiteOS 主要应用于智能家居、车联网、智能抄表、工业互联网等 IoT 领域的智能硬件上。

5) Linux

Linux 仍旧是目前物联网设备中应用最广泛的操作系统之一。传统 Linux 在内核基础上,经过缩减后移植到嵌入式操作系统上面,将更加适用于嵌入式系统和物联网应用的需求,满足实时操作系统的各项需求。

4.3　物联网网关与边缘计算

边缘计算虽然起源于人工智能,但是和物联网有着密不可分的关系。根据互联网数据中心 (IDC)预测,到 2025 年,物联网会有 500 亿感知设备,50% 的计算会在边缘设备上进行。随着越来越多的设备连接到互联网并生成数据,云计算可能无法处理如此庞大的海量数据,尤其是在某些需要以疾速处理数据的场景中。

所谓边缘计算,是指在靠近设备或数据源头的一侧,采用网络、计算、存储、应用等核心能力为一体的开放平台,就近提供服务,而云计算可以访问边缘计算的状态数据,如图 4-9 所示。边缘计算处于物理实体和工业连接之间,或处于物理实体的顶端。应用程序从边缘侧发起,产生更快的网络服务响应,满足行业在实时计算、智能应用、安全与隐私保护等方面的基本需求。

边缘节点是边缘计算的实体,具有响应时间极短、释放网络负载、保证用户数据私密性等先天优势。但如果将所有生成的数据传输到云计算服务器集中处理,则将会导致增加网络负载、数据延时、大量垃圾数据占用资源等问题。

图 4-9　边缘计算和云计算

边缘节点是数据生产的源头,是计算资源和网络资源的汇聚点,是云计算与终端设备的连接器。例如,手机是人与云计算之间的边缘节点,网关是智能设备和云计算之间的边缘节点。在理想环境中,边缘计算在数据源附近进行分析、处理数据,没有大量的数据流转,减少了网络流量和响应时间。边缘计算可以大大缩短响应时间。例如,在人脸识别领域,边缘计算使响应时间由 900 ms 减少为 169 ms。边缘计算可以有效降低系统能耗,把部分计算任务从云服务器释放到边缘节点后,整个系统对能源的消耗减少了 30%～40%。在数据整合、迁移等方面,边缘计算可以减少 20 倍的时间。因此,边缘计算的优势非常明显。

4.3.1　边缘计算的应用

1. 智慧城市

随着城市摄像头的大量增加,云计算不适用于视频处理,因为大量数据在网络中的传输可能会导致网络拥塞,并且视频数据的私密性难以得到保证。通过边缘节点对本地视频数据进行处理,将结果反馈给云服务器,既可以降低网络资源的消耗,也可以在一定程度上保护用户的隐私。例如,有个小孩在城市中丢失,云服务器可以开发资源,各个边缘节点结合本地的数据进行处理,然后返回是否找到小孩的数据。相比把所有视频上传到云中心,这种方式能够更快地解决问题。

2. 工业现场

在工业现场,各种设备生产的数据量越来越多,这些数据放到云服务器中进行处理,云服务器难免不堪重负,有时甚至根本没有这个必要。例如:边缘计算协助工业设备在无人干预的情况下自主决策;传感器实时监测机器的运行状况,通过加速或减速来优化生产;部署了温度、光照等传感器的工厂内部,可以调节照明、冷却等其他环境因素,最大限度地使用能源;通过数据分析,对易耗部件提前诊断和修复,最大限度地保持工业生产。

随着万物互联概念的提出,物联网设备逐渐成为网络数据生产的源头,物联网设备生产数据的增长速度也越来越快,且由于地理位置上的分散性大,对响应时间、安全性的要求越来越高,以及实际场景中网络环境复杂,现有公有云计算平台变得越来越不适用,计算模式正逐渐向边缘计算靠拢。

4.3.2　百度智能边缘

边缘计算网关是部署在网络边缘侧的物联网网关,通过网络连接、协议转换等功能连接物理世界和数字世界,提供轻量化的网络连接管理、实时数据分析及应用管理服务。目前,市场上出现了一些边缘计算网关,为物联网提供了新的技术发展方向。强大的边缘计算网关,内嵌实时网络操作系统,支持远程自定义配置、远程部署、网关状态监控等功能;通过大数据平台构建工业物联网平台,能够实现数据实时响应、数据模型分析判断、设备远程维护下载等功能。

一般来说,这些网关采用高性能的工业级高端处理器,配备丰富的数据采集、控制与传输接口,集成 2G、3G、4G、NB-IoT、GPS、WiFi、有线等多种通信方式,集成强大的本地存储和外部存储功能,提供数据采集、本地存储、多种协议转换、智能网关、安全网关、全网通 4G 无线通信、数据处理转发、VPN 虚拟专网、WiFi 覆盖、本地与远程控制等功能;采用 Linux 操作系统,支持 MQTT 协议,满足工业行业需求,可应用于工业 4.0 和工业远程监测、远程控制、远程维护、安全管理等领域。

2018 年 5 月,百度云发布了中国首个智能边缘产品 BIE(Baidu Intelligent Edge,百度智能边缘),如图 4-10 所示。同年 12 月,百度云推出国内首个开源边缘计算平台 OpenEdge,宣布全面对外开源。在 2019 年 CES 现场,百度云分别联合英特尔和恩智浦(NXP),发布两款边缘计算硬件设备。

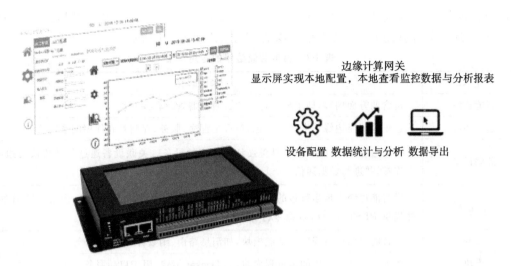

边缘计算网关
显示屏实现本地配置，本地查看监控数据与分析报表

设备配置　数据统计与分析　数据导出

图 4-10　边缘计算网关

百度智能边缘将云计算能力拓展至用户现场，提供临时离线、低延时的计算服务，包括消息规则、函数计算、AI 推断等功能，形成"云管理，端计算"的云平台一体化解决方案，如图 4-11 所示。面对复杂的数据采集环境、多样的数据通信协议、海量的原始数据以及不同的数据流向，百度智能边缘通过功能模块组合，轻松搭建集数据采集、协议解析、数据分析、数据转发为一体的边缘计算应用，满足工业生产、城市监控的大多数物联网场景的通用需求。

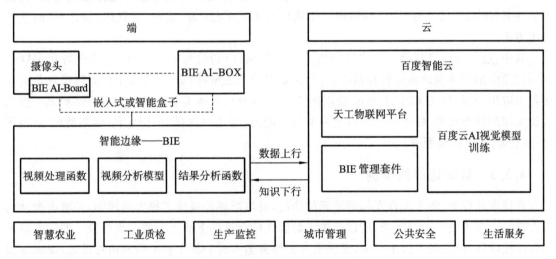

图 4-11　百度云计算和智能边缘

1. 百度智能边缘的组成

百度智能边缘有一个本地运行包，将云计算能力延伸至边缘，提供离线自治、低延时的计算服务，提供一些底层服务管理功能。其中，本地运行包的主程序负责服务实例的管理，如启动、退出、守护等，由计算引擎、API、命令行构成。目前百度智能边缘支持两种运行模式：Native 进程模式和 Docker 容器模式。openedge-agent 模块负责和云服务器通信，可以进行应用下发、设备信息上报等。openedge-hub 模块提供基于 MQTT 协议的消息订阅和发布功能，支持 4 种接入方式：TCP、SSL、WS 及 WSS。openedge-remote-MQTT 模块用于桥接两个 MQTT server

实现消息同步，支持配置多路消息转发。openedge-function-manager 模块提供弹性、高可用、扩展性好、响应快的计算能力。百度智能边缘的专用术语如表 4-1 所示。

表 4-1　百度智能边缘的专用术语

专业术语	术语解释
智能边缘	包含两方面内容，即本地运行包和云服务器管理套件
边缘核心	这里指智能边缘的本地运行包，包行主程序、服务、存储卷和使用的系统资源
关联设备	指与边缘节点连接，但不具备强计算能力的设备。关联设备通过各种协议与边缘节点连接，并进行数据通信
主程序	指智能边缘本地运行包的核心部分，负责管理所有存储卷和服务，内置计算引擎，对外提供 RESTful API 和命令行等
服务	指智能边缘运行程序的功能模块，如消息路由、函数计算、微服务等
模块	指为边缘计算提供的运行程序包，如 Docker 镜像，用于启动服务的实例
存储卷	指提供某些应用或服务的目录，如存储配置信息、安全证书、脚本、日志、持久化数据等资源信息

2. 云服务器管理套件

云服务器管理套件主要负责边缘节点的管理，包含边缘节点的监控、注册管理、应用的编排与升级等功能。此外，云服务器管理套件还负责与百度智能云的其他服务进行集成对接，包括函数计算 CFC、流式计算 BSC、端侧模型生成框架 EasyEdge 等，实现"云管理，端计算"的整体解决方案。

其中：边缘节点管理模块负责管理边缘节点的软件（边缘核心）、硬件（边缘设备和关联设备）；边缘应用管理模块负责管理核心应用，包括对应用的编排、分发；应用工厂对接模块负责对接各类应用场景，包括 CFC、Jarvis、物联网 Easy Insight、智能工业质检平台等；EasyEdge 模块提供实用的计算模型，赋予边缘节点更强的分析能力，为用户提供"模型上传-模型适配-模型下发-模型运行"全链路服务。

4.3.3　智能边缘的实例

在城市建设中，渣土车存在抛洒滴漏的情况，对城市环境造成了很大的污染，是城市管理的一大难题。由于城市道路复杂，所以无法实时监视所有道路上渣土车的抛洒现象。即使安装了车载监控软件，但是由于渣土车多，无法通过云服务器实时分析车辆上传的道路视频，视频数据量过于庞大，计算成本较高，时效性低。

最佳的方式是让车辆自身主动发现、主动报告渣土抛洒问题，如图 4-12 所示。通过边缘计算视频 AI 的场景，通过边缘视频 AI，可以快速发现、定位抛洒问题，并协同城市管理单位进行及时处理。

通过 AI 模型训练平台生成渣土抛洒识别模型。在渣土车尾部安装视频摄像头，车上安装智能边缘网关，并与摄像头连接。在边缘设备上部署 Baetyl 边缘计算框架，并连接百度智能云，配置边缘应用模块。在云服务器配置好各个应用模块后，将整体配置发布为一个正式版本，然后将整个版本下发给边缘设备，智能边缘设备运行后，针对监测数据，本地完成计算分析，最

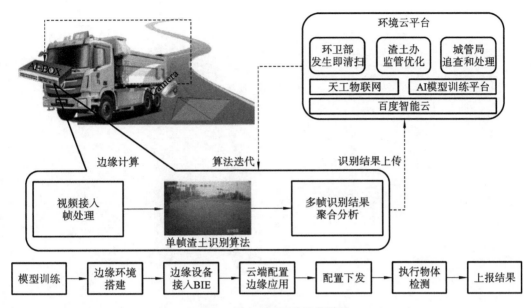

图 4-12　渣土车的边缘计算场景

后将结果上报到环境云大数据平台,实现监测预警和事件处置。

边缘计算是物联网技术的发展趋势,边缘计算的低延时、高带宽、高可靠性、海量链接、异构汇聚及本地安全保护等优势,在很多领域表现突出。国内互联网公司纷纷推出边缘计算产品,除了百度云的智能边缘外,还有阿里云发布的物联网边缘计算产品 Link Edge,华为发布的基于边缘计算的物联网解决方案等。随着 5G 和云计算、人工智能的快速发展,物联网边缘计算将更加深入地融入产业,催生出新的应用形态和商业模式。

第5章
物联网与通信技术

通信技术一直是互联网和物联网行业的重点,无论是火热的 5G 技术、NB-IoT 技术,还是蓝牙技术、WiFi 技术、ZigBee 技术等,都受到人们的广泛关注。通信技术是物联网的核心技术之一,起着承上启下的连接作用——向上连接服务器和终端等,向下连接传感器等设备。

无线通信技术是通信行业未来的发展趋势,光纤通信、以太网通信、现场总线通信等传统通信方式,仍然是不可替代的。这些传统的通信方式,性价比高、技术成熟、稳定可靠。有线通信技术也会推陈出新,与无线通信技术一起,共同推动互联网和物联网的发展。

物联网的发展,给无线通信技术带来了全新的发展机遇,也提出了更高的要求。物联网产业针对通信模块的成本、通信流量、电池寿命、数据传输速率(吞吐率)、延迟性、移动性、网络覆盖范围以及部署方式等问题,一直在寻找更卓越的通信技术。

本章旨在帮助大家选择合适的通信方式去进行物联网系统设计。我们介绍一些典型通信技术,没有过多涉及通信原理的内容。如果有更多的需求,大家可以阅读通信方面的一些书籍。

5.1 通 信 概 述

从人类诞生的那一刻起,通信就是生存的基本需求。婴儿,通过哭声传递饥饿的信息,向自己的母亲索取母乳和关爱;参与围猎的部落成员,通过呼吼声寻求同伴的支援和协助。随着人类社会组织的不断变大,通信的作用越来越强。国家之间的联络,亲人之间的关怀,都离不开通信。通信方式也由面对面的近距离交流,逐渐发展出烽火、旗语、击鼓、鸣金等多种远距离交流。这些通信方式,通过视觉或者听觉来实现,但客观条件的约束,限制了通信的范围。如果采用驿站或信鸽等方式,虽然在一定程度上解决了范围和距离的问题,却带来了时效性的问题,无法在较短时间内送达信息。

19 世纪电磁理论出现后,莫尔斯发明了莫尔斯码和有线电报,贝尔发明了电话,马可尼发明了无线电报,人类就此开启了电磁波的通信时代。通信距离的限制,不断突破;远距离通信的时延,不断缩小。时至今日,我们已全面进入信息时代,对通信的需求和依赖变得更加强烈。作为现代通信工具,手机成为人与社会保持联系的纽带,变成寸步难离的必需品。整个社会的运转,建立在通信技术之上。通信技术的先进程度,成为衡量一个国家综合实力的重要标志之一。

5.1.1 通信原理

任何通信行为,都可以看成是在一个通信系统中发生的。对于一个通信系统来说,包括三个要素,即信源、信道和信宿,如图 5-1 所示。下课时,校工打铃,校工是信源,空气是信道,而老师和学生是信宿,铃声是信道上的信号。这个信号带有信息,信息告诉信宿:该下课了。更具体一点,振铃是发送设备,老师和学生的耳朵是接收设备。

现代通信系统也分为三大部分,分别是输入系统(或发送端、发送方)、传输系统(传输网络)和目的系统(或接收端、接收方),如图 5-2 所示。

在现代通信系统中,数据是传送信息的实体,通常是有意义的符号序列。信号是数据的电气/电磁表现,即数据在传输过程中的存在形式。信源是产生或发送数据的源头。信宿是接收数据的终点。信道是信号的传输媒介,表示向某个方向传送信息的介质,因此一条通信线路会包含一条发送信道和一条接收信道。

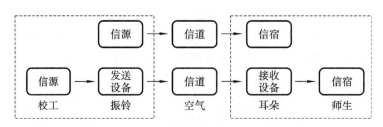

图 5-1　通信系统的三要素

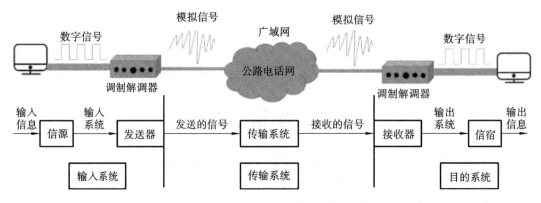

图 5-2　现代通信系统

5.1.2　通信信道

根据信道介质的不同,将通信系统分为有线通信系统和无线通信系统。顾名思义,采用网线、光纤、同轴电缆作为通信介质的,是有线通信系统;而采用空气、真空作为通信介质的,是无线通信系统。不管是有线通信还是无线通信,传输信号都是电磁波。在有线电缆中,电磁波以导行波的方式传播;而在空气(真空)中,电磁波以空间波的方式传播。

世界上没有真正意义上的"完全"无线通信。在无线通信系统中,除了信道部分会有无线环节之外,包括信源、信宿和大部分的信道,其实都是有线的。就像我们现在使用的手机通信系统,只有手机和基站天线之间是无线传播,其他环节仍然是有线传播,如基站到机房之间、机房与机房之间。

一般而言,有线连接可靠性高、稳定性高,但物理线路的媒介会受到连接成本和连接方式等的制约。无线连接自由灵活,且终端移动不受空间的限制,但它的可靠性较低,容易受到其他电磁波和障碍物的影响。

5.1.3　通信方式

通信方式是指消息传输方向与时间的关系,主要有三种类型,即单工通信、半双工通信和全双工通信。

1. 单工通信

单工通信又称单向通信,即只有一个方向的通信,而没有反方向的交互。例如,无线电广播、有线电广播是单工通信。单工通信需要一条信道。

2. 半双工通信

半双工通信又称双向交替通信,即通信双方都可以发送信息,但双方不能同时发送或同时接收,这种方式意味着一方发送,而另一方接收。半双工通信需要两条信道。

3. 全双工通信

全双工通信又称双向同时通信,即通信双方可以同时发送或接收信息。全双工通信也需要两条信道。

5.1.4　编码技术

编码技术对于通信来说也是非常重要的。编码主要有信源编码和信道编码两种。信源编码实现模拟信号的数字化传输,去除无价值的信息,删除冗余信息;而信道编码主要解决数字通信的可靠性问题,改善链路性能,增加信道的可靠传输。

在现实中,不同的通信技术可以满足不同的通信需求,没有哪一种通信技术可以满足所有的通信需求,如果需要考虑成本、功耗、效率等因素的话。一般来说,把数据传输到更远的距离以及传输更多的数据,意味着更高的能耗和更高的成本。

5.2　物联网与有线通信

众所周知,互联网基于通信技术,将各个孤立的设备进行物理连接,实现人与人、人与计算机、计算机与计算机之间的信息交换,从而实现资源共享和数据交互的目的。而物联网以互联网为基础,是为了让更多设备联入互联网,因此,通信技术的作用尤为突出。

在物联网体系架构中,经常提到"感知及控制层""网络层""应用层",或者"感知及控制层""网络层""数据层""应用层","网络层"都是不可或缺的。在物联网通信过程中,设备在采集完数据或状态控制的指令后,先通过局域网与物联网网关进行通信,再通过互联网将数据发送到云服务器。没有网络层,意味着物联网数据没有传输的通道。

早期物联网实现两个或更多个设备之间的近距离传输,采用有线通信方式较多。随着技术的发展,传感器采集的数据越来越丰富,大数据随之而来,各类设备逐渐采用无线通信方式联入互联网,以方便数据采集、管理以及计算分析。物联网已经不再局限于小型设备、小网络阶段,而是进入工业智能化领域。

在现阶段,物联网常用的通信方式有四大类,即有线通信、近距离无线通信、传统互联网通信和移动空中网通信,如图 5-3 所示。其中,有线通信方式主要有串口通信(RS-232 串口通信、RS-485 串口通信、USB 串口通信等)、以太网(Ethernet)通信和现场总线(Modbus)通信等。

5.2.1　串口通信

串口通信广泛应用于仪器设备之间的通信,是物联网不可或缺的通信方式。串口通信的优点是稳定可靠,缺点是通信组网能力较差。当然,在一些特殊工业环境中,通信链路容易受电磁的影响。此外,串口通信的速度和以太网相比,有很大的差距,串口只适合用于低速率和小数据量的通信。串口通信最大的特点是普及率高、成本非常低。计算机至今都保留串口,工业设备通过它连接到计算机。常见的串口有 RS-232 串口(使用 25 针或 9 针连接器)、半双工 RS-485 串口、全双工 RS-422 串口和 USB 串口。

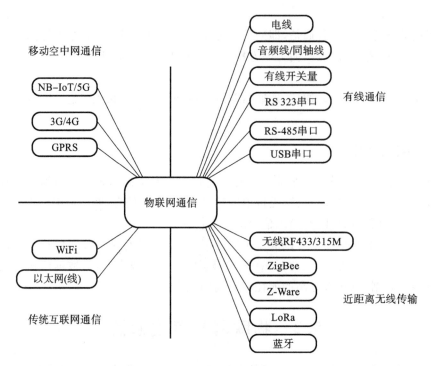

图 5-3 常用的物联网通信方式

1. RS-232 串口

RS-232 串口是一种常用的串口,是计算机与其他设备传送信息的一种标准接口。RS-232 串口在数据终端设备(DTE)和数据通信设备(DCE)之间,采用串行二进制数据交换接口标准。该标准规定采用一个 25 个脚的 DB25 连接器,对连接器每个引脚的信号加以规定,对各种信号的电平加以规定。RS-232 串口通信属单端信号传送,存在产生共地噪声和不能抑制共模干扰等问题,因此 RS-232 串口一般用于 20 m 以内的通信,常用的串口线一般只有 1~2 m。RS-232 串口如图 5-4 所示。

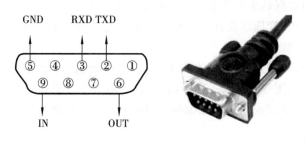

图 5-4 RS-232 串口

2. RS-485 串口

RS-232 串口无法实现距离为几十米甚至上千米的通信,无法满足多设备联网的需求,因此诞生了 RS-485 串口。RS-485 串口采用平衡发送和差分接收,具有抑制共模干扰的能力,加上总线收发器具有高灵敏度,能检测低至 200 mV 的电压,使得传输信号能在千米以外得到恢复。RS-485 串口采用半双工通信方式,可以联网构成分布式系统,用于多点互联时非常方便,可以省掉许多信号线,允许最多并联 32 台驱动器和 32 台接收器。RS-485 串口如图5-5所示。

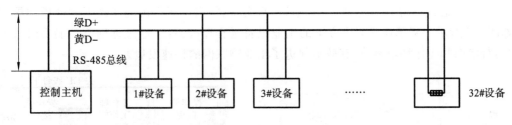

图 5-5　RS-485 串口

3. USB 串口

USB 串行总线标准是一个外部总线标准,支持设备的即插即用和热插拔功能,具有传输速度快、使用方便、连接灵活、独立供电等优点。USB 串行总线采用一个 4 针插头作为标准插头(USB3.0 标准为 9 针),采用菊花链形式把所有的外设连接起来,最多可以连接 127 个外部设备,并且不会损失带宽,可连接键盘、鼠标、打印机、扫描仪、摄像头、充电器、闪存盘、移动硬盘、外置光驱/软驱、USB 网卡、ADSL Modem、Cable Modem、MP3、手机、数码相机等几乎所有的外部设备。USB 串口如图 5-6 所示。

5.2.2　以太网通信

以太网(Ethernet)通信是目前应用最普遍的局域网通信技术,我们熟悉的互联网是由大大小小的局域网连接在一起以后,形成的覆盖全球的网络。以太网通信是一种局域网通信技术,IEEE 组织的 IEEE 802.3 标准制定了以太网的技术标准,它规定了包括物理层的连线、电子信号和介质访问层协议的内容。以太网使用双绞线作为传输媒介,在没有中继的情况下,最远可以覆盖 200 m 范围。以太网传输速率达到 100 Mb/s,最新的标准支持 1 000 Mb/s 和 10 000 Mb/s 的速率。以太网接口如图 5-7 所示。

图 5-6　USB 串口

图 5-7　以太网接口

5.2.3　现场总线

现场总线是近年来迅速发展起来的一种工业数据总线,适应工业化物联网的应用需求,具有远程实现现场设备数据的感知、动态传输、实时分析等功能。现场总线由于具有简单、可靠、经济实用等一系列突出的优点,受到了许多标准团体和计算机厂商的高度重视。

工业现场远程监控系统通过对历史数据的分析,可提前预测设备可能出现的故障,从而提前介入维护保养,极大地减少或消除计划外的停机时间,降低维护频次。同时,工业现场远程监控系统通过对产品故障点、工作环境信息的统计分析,能有效地改进产品的设计方案,以便更好地服务于现场。

目前现场总线已经在水电站、信号基站、水文站、特定山区等现场实现了大规模部署与应用，如图 5-8 所示。基于通信解决方案的工业设备远程监控系统，通过远程监控能实时掌握设备的运行状态和工作环境参数，有效地促进了工业物联网的快速发展。

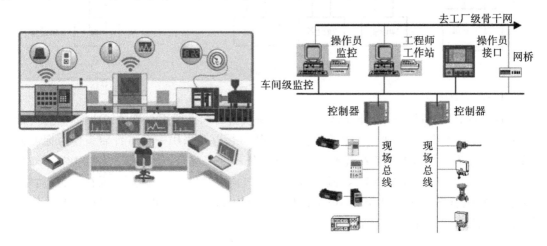

图 5-8 现场总线控制系统示意图

现场总线控制系统有开放性、分散性、数字化、互操作性强及费用低等特点，具体表现如下。

1. 开放式互联网络

现场总线为开放式互联网络，既可与同层网络互联，也可与不同层网络互联。开放系统把系统集成的权利交给了用户。用户按自己的需要和对象把来自不同供应商的产品组成大小随意的系统。

2. 互操作性与互换性

互操作性是指用户可以将不同企业的仪表集成在一起，同一组态；而互换性意味着不同企业性能类似的设备可以进行互联互换，实现"即接即用"。

3. 智能化与自治性

现场总线设备能处理各种参数、运行状态信息及故障信息，具有较高的智能，使得现场设备自身就可以完成自动控制的基本功能，并可随时诊断设备的运行状态。即使是在网络出现故障的时候，现场总线也能独立工作，极大地提高了整个系统的可靠性。

4. 分散控制

现场设备自身就可以完成自动控制的基本功能，实现了彻底的分散控制，从根本上改变了现有的集散控制系统，进一步简化了系统结构，提高了可靠性。

5. 具有较强的环境适应能力

处于工厂网络底层的现场总线，是专门为在现场环境工作而设计的，可以在恶劣环境下正常工作。现场总线具有较强的抗干扰能力，可采用两线制实现供电与通信，并可满足本质安全防爆要求。

6. 综合功能

现场仪表既有检测、变换和补偿功能，又有控制和运算功能，可以在一个仪表中集成多种功能，实现一表多用，降低成本。

5.3　物联网与无线通信

目前,物联网领域采用各种无线通信技术来满足不同的需求,我们的工作和生活中到处可见无线通信技术的应用。例如,手机扫码;通过蓝牙打开共享单车的锁;通过 RFID 卡,可以打开小区的门禁等;回家后,WiFi 智能音箱帮助人们开启音乐之旅。选择合适的无线通信技术去设计物联网应用非常重要。常用的无线通信技术如图 5-9 所示。

	Bluetooth 蓝牙	Sub-1GHz 低于 1GHz	WiFi CERTIFIED Wi-Fi	THREAD Thread	ZigBee ZigBee	Multi-standard 多标准	Wired 以太网
主要特性	本地智能手机连接	远距离星形网络	无线云连接	基于 IPv6 的网状网络	网状网络	并发无线标准	低延迟有线连接
功耗	纽扣电池到 AAA	纽扣电池	AA 到锂离子电池	纽扣电池到 AAA	能量收集到 AAA	纽扣电池到 AAA	AA 到锂离子电池
吞吐量	高达 2Mbps	高达 200kbps	高达 100Mbps	高达 250kbps	高达 250kbps	高达 3Mbps	高达 100Mbps
产品	CC13xx/CC26xx	CC13xx	CC31xx/CC32xx	CC13xx/CC26xx	CC13xx/CC26xx	CC13xx/CC26xx	MSP432

图 5-9　常用的无线通信技术

1. 蓝牙通信

蓝牙(Bluetooth)技术源于 1994 年爱立信移动通信公司的一个研究发展项目,创立之初用于低功耗、低成本无线通信接口的可行性研究,随着项目的开展,蓝牙通信的功能范围逐渐扩展开来,并形成了全球统一的标准,工作频段设计在全球统一开发的 2.4 GHz 的 ISM 频段。SIG公司公开了蓝牙的所有技术标准,任何形式的企业通过 SIG 公司的蓝牙产品兼容测试,就能将自己的产品推向市场,使蓝牙的大量应用程序得到推广。

蓝牙通信具有适应范围广、能传输语音和数据、能实现临时性对等链接、抗干扰能力强、体积小、功耗小、接口标准开放、成本低廉等特点,广泛运用于数字领域,有着广阔的应用前景。

蓝牙通信的缺点是传输距离有限,数据传输速率不超过 24 Mb/s,不同设备间协议不兼容,需要本地数据记录以确保数据不间断可用。

2. ZigBee 通信

ZigBee 通信是一种低速、低功耗、短距离、自组网的无线局域网通信技术,于 2003 年被正式提出,弥补了蓝牙通信的复杂、功耗大、距离近、组网规模太小等缺陷。ZigBee 名称取自蜜蜂(bee),蜜蜂飞翔时"嗡嗡"(zig)地抖动翅膀,向同伴传递花粉的位置信息,依靠这种方式建立群体中的通信网络。

ZigBee 通信被标准化为 IEEE 802.15.4,工作频段有三个:868～868.6MHz、902～928MHz 和 2.4～2.483 5 GHz。其中,最后一个频段在世界范围内通用,共有 16 个信道,并且该频段为免付费、免申请的无线电频段。三个频段的数据传输速率分别为 20 Kb/s、40 Kb/s 以及250 Kb/s。

ZigBee 通信具有低功耗、低成本、低速率、大容量、支持 Mash 网络、支持大量网络节点以及安全性高等优点,一度被认为是物联网最有前景的通信技术。使用较为复杂、成本高、抗干扰性差、协议没有开源等原因,限制了 ZigBee 通信的应用。

3. WiFi 通信

WiFi(wireless-fidelity)通信是一种无线局域网通信技术,采用 IEEE 组织的 IEEE 802.11

以太网技术标准。WiFi 设备基于以太网通信协议,采用高频无线电信号发送和接收数据,通信距离通常为几十米。

WiFi 通信的优点是局域网部署无须使用电线,降低了部署和扩充的成本。由于 WiFi 模块的价位持续下跌,WiFi 模块已成为企业和家庭中普遍应用的基础设施。另外,根据 WiFi 联盟指定,"WiFi 认证"向后兼容,WiFi 标准设备全球兼容。

WiFi 通信的缺点是通信距离有限、稳定性差、功耗较大、组网能力差、安全性不足。通常WiFi 通信使用 2.4 GHz 和 5 GHz 频段,但全球各地的频率分配和操作限制也不完全相同,造成了一些混乱现象。

4. GPRS 通信

GPRS 是 general packet radio service(通用分组无线电服务)的缩写,GPRS 通信是终端设备和通信基站之间的一种远程通信技术。无线服务最早采用模拟通信技术(被称为第一代移动通信技术),后来采用数字通信技术(被称为第二代移动通信技术),其中全球移动通信系统GSM(global system for mobile communications)通信的应用最广泛、最为成功。

GPRS 通信是 GSM 通信的延续,它采用封包方式传输数据,不独占频道,可以较好地利用GSM 的空闲频道资源。用户使用 GPRS 通信方式,可以连接到电信运营商的通信基站,进而连接到互联网,获取互联网信息。GPRS 通信由欧洲电信标准学会(ETSI)推出,后来移交给第三代合作伙伴计划(3rd Generation Partnership Project)负责运行。

GPRS 通信的优点是:GSM 的网络信号覆盖范围很广,使用 GPRS 业务的地域也很广,这是它的主要优点;GPRS 终端设备可以在信号覆盖范围内自由地漫游,开发商无须再开发任何其他通信设备(由运营商负责),用户使用方便。由于移动通信设备的普及,GPRS 通信技术成本已经大大降低,因此物联网系统中采用 GPRS 通信,硬件成本与采用 WiFi 通信或者 ZigBee通信相比有较大的优势。

GPRS 通信的缺点是:GPRS 设备在通信时要使用电信运营商的基础设施,因此需要缴纳一定的费用,即数据流量费,这个服务费用限制了大量设备连接到网络;GPRS 通信速率较低,通信质量受信号强度的影响较大,无信号覆盖或者信号较弱的地方通信效果很差,会影响业务的完成。

5. NFC

NFC(near-field communication)是一种近距离通信技术,最早于 2002 年由飞利浦半导体(现为恩智浦半导体)、诺基亚和索尼共同研发。2004 年,NFC 论坛成立,致力于近距离通信技术的标准化和推广。NFC 是一种短距高频的无线通信技术,属于 RFID 技术的一种,工作频率为 13.56 MHz,有效工作距离在 20 cm 以内,数据传输速率有 106 Kb/s、212 Kb/s 以及 424Kb/s 三种。NFC 通过卡、读卡器以及点对点三种业务模式进行数据读取与交换。

NFC 技术的优点是通信距离非常短,NFC 卡无功耗,读卡器功耗也较低,可以应用于很多无功耗,或者低功耗的应用场景中。NFC 方案的成本较低,尤其是 NFC 卡成本非常低,特别适合覆盖大量非智能物体。目前在移动支付和消费类电子等方面,NFC 技术有广泛的应用。例如,很多手机都已经支持 NFC 应用,公交卡这类的小额支付系统都使用 NFC 技术。

NFC 技术的缺点是过于简单、安全性不够、被动式响应等。例如,NFC 银行卡内的交易信息,很容易被其他读卡器,甚至智能手机读取。另外,通信距离短、数据传输速率低,也是它的缺点。因此,NFC 技术适用于一些特定的物联网应用。

6. NB-IoT 通信

NB-IoT 通信是物联网领域一种新兴的技术,支持低功耗设备在广域网的蜂窝数据连接。NB-IoT 属于低功耗广域网(LPWAN),由华为公司 2014 年 5 月推出。NB-IoT 支持待机时间长、对网络连接要求较高设备的高效连接。据说 NB-IoT 设备电池寿命可以提高至少 10 年,同时还能提供非常全面的室内蜂窝数据连接覆盖。NB-IoT 通信构建于蜂窝网络,可直接部署于 GSM 网络、UMTS 网络或 LTE 网络,以降低部署成本,实现平滑升级。NB-IoT 通信的特点是覆盖广、功耗低,由运营商提供连接服务,多用于城市管网监控、远程抄表等。

5.4　物联网与数据透传

数据透传是指数据在传输过程中,不发生任何形式的改变,仿佛传输过程是透明的,同时保证数据传输质量,确保到达数据接收方。这好比在快递过程中,邮件有可能通过自行车、汽车、火车、飞机等运输方式到达你的手上,但你不用关心它们经历过的具体过程。数据透传技术在能源电力、自动抄表、智慧城市、工业自动化、车载交通、环境监测、设备监控、现代农业等诸多行业得到广泛的应用。

数据透传模式能够帮助物联网设备与云服务器快速建立连接,有效降低开发难度,提高开发效率。物联网设备的数据透传,一般需要透传通信模组和云服务器的支持,如图 5-10 所示。物联网设备上的传感器或执行器,将状态数据上报给嵌入式模块,嵌入式处理器完成数据解析及数据格式标准化后,通过串口将数据转发给透传通信模组,最后通过以太网方式将数据发送到云服务器。基于这条通信链路和工作模式,服务器将数据或指令回发给物联网设备。

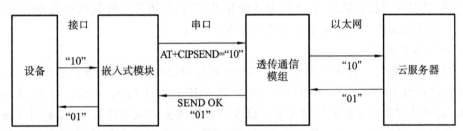

图 5-10　物联网设备的数据透传

一般来说,数据透传模块与底层设备之间采用串口通信协议;与外界(上位机或服务器)通信时采用的协议较为复杂,如 TCP 协议、HTTP 协议、MQTT 协议、CoAP 协议等。这种数据传输方式使得发送方和接收方数据的长度和内容完全一致,对数据不做任何处理,相当于一条数据线或者串口线。传统以太网转串口方式的数据透传非常实用,但随着无线通信技术的发展,蓝牙、WiFi、GPRS、4G 等无线数据透传的优势更加明显。

数据透传中,嵌入式设备通过 AT 指令方式对透传通信模组进行配置和使用。所谓 AT 指令,就是指终端设备与 PC 应用之间连接与通信的命令,用于定义 TE(terminal equipment)和 MT(mobile terminal)之间交互的规则,如图 5-11 所示。在 GSM 网络中,用户可以通过 AT 指令进行呼叫、短信、电话、数据业务、传真等方面的控制。

AT 指令是以 AT 字符、+、其他字符组成的字符串。每个 AT 指令执行成功与否,都有相应的状态返回。AT 指令集分为三个类型,如表 5-1 所示。AT 指令的特点是:指令简单易懂,

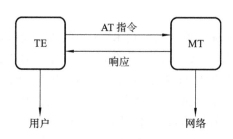

图 5-11　数据透传模块的 AT 指令使用

采用标准串口来收发 AT 指令,对通信模组的控制大为简化,仅需简单的串口编程。AT 指令功能较全,可以通过一组命令完成通信模组的状态控制。

表 5-1　AT 指令集

类别	语法	说明
执行指令	有参数:AT+＜x＞=＜…＞ 无参数:AT+＜x＞	用于设置 AT 指令中的属性
测试指令	AT+＜x＞=?	用于显示 AT 指令设置的合法参数值有哪些(范围)
查询指令	AT+＜x＞?	用于查询当前 AT 指令设置的属性值

　　数据透传的本质是解决不同通信方式和通信协议的适配问题,减少嵌入式设备与通信模组之间的协议移植等开发工作。不同的数据透传模式虽然相似,但具体形式有较大差异。在这里,我们选择对以太网数据透传、蓝牙数据透传和 WiFi 数据透传三种数据透传模式进行介绍,让大家初步了解数据透传的基本形式和 AT 指令的使用。

　　1. 以太网数据透传

　　以太网数据透传是一种串口通信和 TCP/IP 通信的协议转换和数据传输模式。以太网数据透传可以将现有 RS-232/485 等串口的数据转化成 IP 端口的数据,然后进行 IP 化的管理和数据存取,实现传统串口数据的快速上云。以太网数据透传的软硬件系统,需要对多种协议的数据进行处理,并进行格式转换,使之成为可以在以太网中传播的数据帧;对来自以太网的数据帧进行判断,并转换成串口数据送达响应的串口设备。目前,该技术在传统工业领域得到广泛的应用。

　　以太网数据透传模块的核心功能是将串口信号与网络信号相互转化,即将串口数据转化为网络数据,通过网络链路将数据传输至远端软件服务器,或将网络数据转化为串口数据。采用以太网数据透传模式,数据在不同协议(以太网协议和串口协议)间实现快速转换,为传统设备联网提供了快捷通道。以太网数据透传过程如图 5-12 所示。如果网络数据应用层数据内容为字符串"hello",那么串口协议的用户层数据也是"hello",用户电路板收到的数据也是字符串"hello"。

　　以太网数据透传模块的硬件部分包含嵌入式微处理器、串口、以太网接口,以及防反接、防浪涌电路和电源稳压电路等。其中,嵌入式微处理器负责初始化网络和串口设备,当有数据从以太网传过来时,嵌入式微处理器对数据报进行分析。例如,当接收到 ARP 数据包时,以太网数据透传模块需支持 ARP 处理,其他类型数据包以类似方式处理。数据包解包后,将数据部分

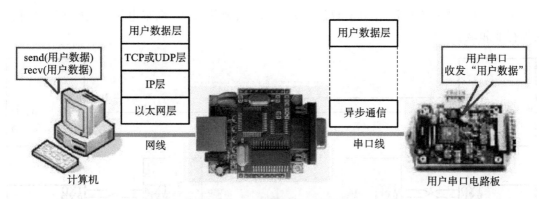

图 5-12　以太网数据透传过程

通过对应的串口输出。反之,如果从串口收到数据,将数据按照与服务器要求的协议格式进行数据打包,送入以太网模块,再将数据传输给服务器。嵌入式微处理器主要处理 TCP/IP 的网络层和传输层,链路层部分由以太网模块完成,应用层由软件系统负责,用户可以根据要求对收到的数据进行处理。

　　软件部分需要设计串口与网络层交互的数据通信协议,内部集成 ARP、IP、TCP、HTTP、ICMP、SOCK5、UDP、DNS、MQTT 等协议,支持上位机软件调试、串口驱动和虚拟串口的数据传递规则,满足应用程序开发等配置环境要求。其中,串口设置内容包括波特率、流控制、接口方式、硬件通信协议、数据格式等规则;网络设置内容包括 IP 类型、IP 地址、子网掩码、服务器地址等参数。

　　这里介绍一款 RS-232/485 串口转以太网的数据透传模块 E810-DTU(RS-232)。它是成都亿佰特电子科技有限公司设计的以太网数据透传模块,实现 RJ-45 网口与 RS-485 串口或者RS-232 串口之间的数据透传,支持设备快速联网,如图 5-13 所示。该模块搭载 M0＋系列 32位处理器,数据传输速率快,效率高,具备自适应网络速率(最高支持 100 Mb/s 全双工)、TCP服务器、TCP 客户端、UDP 服务器、UDP 客户端四种通信机制。

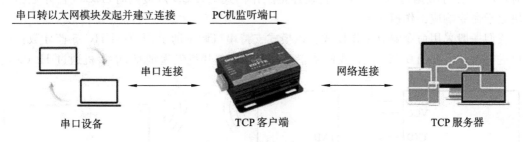

图 5-13　以太网数据透传模块

2. 蓝牙数据透传

　　蓝牙数据透传是一种串口通信和蓝牙通信的协议转换和数据传输模式。在蓝牙数据透传中,两个蓝牙设备配对连接成功后,可以忽视蓝牙内部的通信协议,直接将蓝牙通信当作普通串口通信使用。如图 5-14 所示,处于数据透传模式下的两个蓝牙设备建立连接后,其中一个蓝牙设备将数据发送到通信链路上,另一个蓝牙设备可以接收来自同一通道中的数据。蓝牙数据透传模式帮助用户更好地开发蓝牙无线传输产品,而不需要关心蓝牙协议栈的具体实现。目前,该技术广泛适用于智能穿戴式设备、智能家居、汽车电子、休闲玩具、安防监控等行业领域。

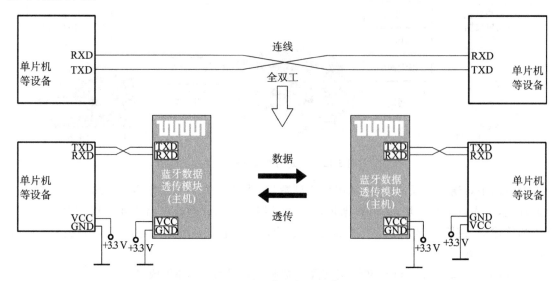

图 5-14　蓝牙数据透传

　　蓝牙数据透传一般需要两个透传模块相互配合,设备通过串口将数据传送给其中一个蓝牙数据透传模块,该蓝牙数据透传模块接收后,基于蓝牙无线通信网络,发送给另一个蓝牙数据透传模块,再通过串口将数据发送给上位机或其他设备。当然,有时也可以借助手机蓝牙数据透传模块,与设备上的蓝牙数据透传模块通信,实现手机与设备的数据交互。

　　这里介绍一款串口转蓝牙的数据透传模块 HC05。它是一款高性能主从一体式蓝牙数据透传模块。HC05 蓝牙数据透传模块有两种工作模式:命令响应工作模式和自动连接工作模式。在自动连接工作模式下,模块又可分为主(master)、从(slave)和回环(loopback)三种工作角色。HC05 蓝牙数据透传模块的配置使用较为简单。HC05 蓝牙数据透传模块的 LED 灯快闪时,HC05 蓝牙数据透传模块处于自动连接工作模式下;LED 灯慢闪时,HC05 蓝牙数据透传模块处于命令响应工作模式下。

　　我们一般采用命令响应工作模式。该模式支持串口调试助手,方便对 HC05 蓝牙数据透传模块进行调试。如图 5-15 所示,我们基于手机蓝牙向单片机发送消息,单片机通过 HC05 蓝牙

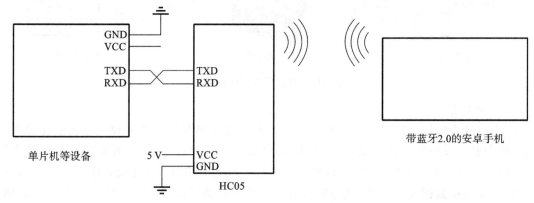

图 5-15　HC05 蓝牙数据透传模块的使用

数据透传模块接收到消息后,再返回给手机。如果这个操作可以成功,则可以实现手机控制单片机点亮 LED 灯或启动电机等操作。这里需要提示一下,手机需要安装蓝牙调试助手 APP,才能完成双方的蓝牙通信。

3. WiFi 数据透传

WiFi 数据透传是一种串口通信和 WiFi 无线通信的协议转换和数据传输模式。在 WiFi 数据透传中,嵌入式微处理器实现设备的状态采集与控制后,基于串口将数据发送给 WiFi 数据透传模块,WiFi 数据透传模块完成数据解析后,打包成 TCP/IP 数据包(或 MQTT 数据包)等形式,发送给云服务器,从而实现设备与互联网的快速连接。反之,云服务器基于该链路完成对设备的远程控制、更新维护等操作,如图 5-16 所示。WiFi 数据透传一般基于互联网实现数据传输,具有速度快、范围广、数据量大等优势,可快速实现对传统产品的智能化升级,广泛适用于智能穿戴式设备、智能家居、汽车电子、休闲玩具、安防监控等行业领域。

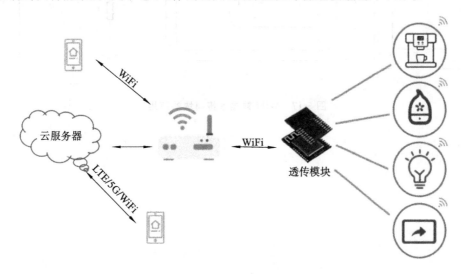

图 5-16　WiFi 数据透传

WiFi 数据透传模块与主控模块是有区别的,主控模块用于设备的控制,而 WiFi 数据透传模块是一个传输通道。这里给大家介绍一款国产经典 WiFi 数据透传模块 ESP8266。ESP8266 已被广泛用于数据透传,是一款低功耗、低成本的 WiFi 无线通信模组,内置 32 位微处理器(主频支持 80 MHz 和 160 MHz),支持 RTOS 系统,内置 TCP/IP 协议栈,支持 AT 远程升级及云服务器 OTA 升级,支持 STA、AP、STA＋AP 三种工作模式,工作温度范围是－20～ 85 ℃。

当采用 ESP8266 作为数据透传模块,实现串口转 MQTT 协议的数据传输时,还需要准备一个可连接互联网的无线路由器和 MQTT 消息代理服务器。ESP8266 通过串口与设备端连接,如图 5-17 所示,通过无线通信方式连入互联网,将数据通过 MQTT 协议实现发布与订阅,从而实现设备与互联网的数据通信。

我们可以尝试选择一个感兴趣的无线数据透传模块,实现单片机之间的数据通信。例如,采用蓝牙数据透传方式,用一个单片机按键去点亮另一个单片机的灯;或用单片机采集传感器数据,并通过 WiFi 数据透传模块发送给手机 APP,基于这些无线数据透传方式,实现物联网设备的数据交互与控制。

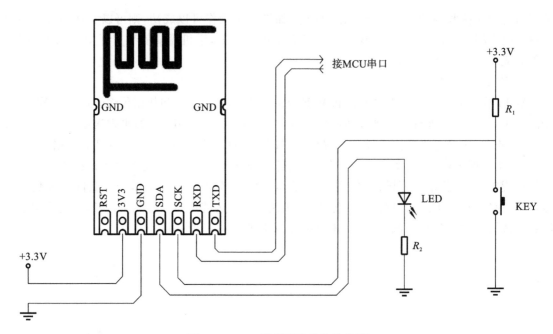

图 5-17   WiFi 数据透传模块的使用

第6章
物联网与MQTT协议

通信协议是指物理设备完成通信或服务时，必须遵循的规则和约定。这类规则和约定，基于不同的通信信道，将各种设备连接起来，构建一个标准的数据通信体系，使各种设备能协同工作，实现信息交换和资源共享。

从计算机接入互联网发展到今天大量设备联网，互联网逐步衍生到物联网，它们的相同之处是互联网和物联网都需要联网。不同的是，两者间的通信协议有较大的差异，这源于双方的通信对象、通信目的、通信通道都有差异。互联网通信协议主要强调计算机接入互联网，为连接不同操作系统、不同硬件体系的计算机等设备提供通用的网络通信支持。物联网通信协议主要解决嵌入式设备联网问题，受限于嵌入式设备有限的计算资源、网络资源、低功耗等工作环境，物联网通信协议需要支持低带宽、低功耗、高可靠等技术。

有些物联网设备采用 HTTP 协议或者 TCP 协议进行通信，设备需要长时间与服务器保持连接，消耗设备端有限的计算资源和网络资源。有时因为网络问题，设备断开连接，导致无法及时收到服务器的消息。为了解决内存设备有限和网络带宽很低的条件下的不可靠的通信问题，IBM 公司设计出一种基于 TCP 协议的消息队列遥测传输协议——MQTT（message queuing telemetry transport）协议。MQTT 协议非常适合用于物联网设备的通信，从传统物联网到车联网、智能家居、工业 4.0 等应用，都大量采用 MQTT 协议，甚至很多新一代的即时通信工具或者消息服务，也采用 MQTT 协议进行数据传输。

6.1 MQTT 协议概述

MQTT 协议是一种基于发布/订阅（publish/subscribe）模式的轻量级通信协议。该协议构建于 TCP 协议上，由 IBM 公司在 1999 年发布。MQTT 协议最大的优点在于，可以以极少的代码和有限的带宽，为连接远程设备提供实时可靠的消息服务。作为一种低开销、低带宽的即时通信协议，MQTT 协议具有简单、开放、轻量和易于实现等特点，在物联网、小型设备、移动应用等方面有较广泛的应用。

MQTT 协议与 HTTP 协议各有特点。HTTP 协议是一个无状态的协议，每个 HTTP 请求为 TCP 短连接，每次请求都需要重新创建一个 TCP 连接（可以通过 keep-alive 属性优化 TCP 连接的使用，多个 HTTP 请求可以共享该 TCP 连接）；而 MQTT 协议为长连接协议，每个客户端都会保持一个长连接。

与 HTTP 协议相比，MQTT 协议的优势在于：MQTT 协议的长连接除可以用于实现从设备端到服务器端的消息传送之外，还可以实现从服务器端到设备端的实时控制消息发送，而 HTTP 协议要实现此功能只能通过轮询的方式，效率相对来说比较低；MQTT 协议在维护连接的时候会发送心跳包，因此 MQTT 协议以最小的代价内置支持设备"探活"的功能，而 HTTP 协议要实现此功能需要单独发出 HTTP 请求，实现的代价更高。MQTT 协议具有低带宽、低功耗的优势。MQTT 协议在传输报文的大小上与 HTTP 协议相比有巨大的优势，MQTT 协议在连接建立之后，由于避免了建立连接所需要的额外的资源消耗，发送实际数据的时候报文传输所需带宽与 HTTP 协议相比有很大的优势。例如，发送一样大小的数据，MQTT 协议的网络传输数据只有 HTTP 协议的 1/50，而且速度快了将近 20 倍；而接收消息时 MQTT 协议的耗电量为 HTTP 协议的百分之一，发送数据时 MQTT 协议的耗电量为 HTTP 协议的十分之一。MQTT 协议提供消息质量控制 QoS 机制，消息质量等级越高，消息交付的质量就越有保障。在物联网的应用场景下,用户可以根据不同的使用场景来设定不同的消息质量等级。

MQTT协议的优势在于采用了客户端-服务器的技术架构,基于主题订阅/消息发布进行消息传输。MQTT协议中有三种角色,分别为发布者(publisher)、订阅者(subscriber)和消息代理服务器(MQTT broker),如图6-1所示。其中,发布者向消息代理服务器发送对应主题的内容;订阅者连接消息代理服务器,订阅相关主题;消息代理服务器将消息广播给所有订阅了该主题的发布者。简而言之,物联网设备或终端,基于MQTT协议连接到消息代理服务器,消息代理服务器通过主题管理设备与消息内容,实现设备与设备、设备与用户、设备与服务器之间的消息转发。

图 6-1　MQTT 协议中的三种角色

设计MQTT协议时,考虑到不同设备的计算性能差异,采用二进制格式编解码,并且编解码格式易于开发和实现。最小的数据包只有2个字节,MQTT协议对低功耗低速网络也有很好的适应性。MQTT协议有非常完善的QoS机制,根据业务场景可以选择至多一次、至少一次、刚好一次三种消息送达模式。MQTT协议运行在TCP协议之上,同时支持TLS(TCP+SSL)协议,所有数据通信都经过云服务器,安全性得到了较好的保障。它非常适合用在低带宽、不可靠的网络下,提供远程数据传输和监控。MQTT协议的特点如下。

(1) MQTT协议精简,不添加可有可无的功能。

(2) MQTT协议支持发布/订阅(Pub/Sub)模式,方便消息在传感器之间传递;支持消息推送,支持消息实时通知、丰富的推送内容、灵活的Pub/Sub以及消息存储和过滤。

(3) MQTT协议允许用户动态创建主题,运维成本为零;使用基于代理的发布/订阅模式,提供一对多的消息发布。

(4) MQTT协议把传输量降到最低以提高传输效率;小型传输,开销很小(固定长度的头部是2个字节),协议交换最小化,以降低网络流量。

(5) MQTT协议把低带宽、高延迟、不稳定的网络等因素考虑在内,应用程序占用带宽小,并且带宽利用率高,耗电量较少。

(6) MQTT协议支持连续的会话控制。

(7) MQTT协议对客户端运行资源的要求较少。

(8) MQTT协议使用TCP/IP协议提供网络连接,提供服务质量管理;传输可靠,可以保证消息可靠、安全地传送,并可以与企业应用简易集成。

(9) MQTT协议不强求传输数据的类型与格式,数据传输具有灵活性。

(10) MQTT协议支持QoS机制,支持三种消息发布服务质量:至多一次、至少一次、只有一次。

6.2　MQTT 系统组成

MQTT协议运行在TCP协议之上,属于应用层协议。无论是硬件设备,还是软件程序,只要支持TCP/IP协议栈,都可以使用MQTT协议。MQTT协议工作时,需要客户端和消息代理服务器共同参与通信,MQTT客户端是消息的发布者或订阅者,消息代理服务器实现消息转发与路由。消息的发布者与消息代理服务器成功建立连接后,可以基于主题发布消息;消息的订阅者同样需要与消息代理服务器建立连接,结合某个主题订阅消息。MQTT 客户端的发布者和订阅者角色,可以由同一个应用程序或者设备扮演。如图 6-2 所示,当温度传感器联网后,基于某个主题向消息代理服务器发布温度值,若 MQTT 客户端或其他应用服务器订阅了该主题,即可收到消息代理服务器转发的传感器温度值。

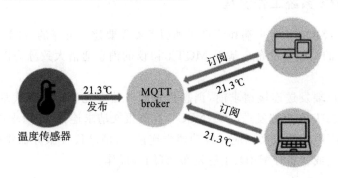

图 6-2　MQTT 系统工作示意图

MQTT 客户端需要与消息代理服务器建立网络连接,才可以发布信息,或订阅其他客户端发布的消息,退订或删除应用程序的消息。消息代理服务器可以是一个应用程序或一台服务器。消息代理服务器接受 MQTT 客户端的网络连接,位于消息的发布者和消息的订阅者之间,接收 MQTT 客户端发布的信息,处理来自 MQTT 客户端的订阅或退订请求,向处于订阅模式下的 MQTT 客户端转发消息。MQTT 协议相关名词如表 6-1 所示。

表 6-1　MQTT 协议相关名词

名词术语	具体功能
MQTT 客户端	MQTT 客户端是消息的发布者或消息的订阅者,是一个采用 MQTT 协议的应用程序或者设备,采用发布/订阅(Pub/Sub)工作模式
消息代理服务器(MQTT broker)	MQTT broker 是一个应用程序或一台设备,接受 MQTT 客户端的网络连接,位于消息的发布者和消息的订阅者之间,实现消息的转发与路由
MQTT 订阅	包含主题筛选器(topic filter)和最大服务质量(QoS)。订阅与会话(session)建立关联性,一个会话可以包含多个订阅,每个会话的订阅都有一个不同的主题筛选器
会话(session)	会话是 MQTT 客户端与消息代理服务器建立网络连接的表现形式
主题(topic name)	MQTT 客户端连接到消息代理服务器的消息标签,该标签与消息代理服务器订阅相匹配,并将消息发送给订阅该消息标签的 MQTT 客户端
主题筛选器(topic filter)	主题筛选器对主题的订阅者进行有效管理
负载(payload)	消息的订阅者接收的具体内容

MQTT 系统工作过程中,MQTT 客户端与消息代理服务器之间有五种基本操作方法,具体如下。

(1) CONNECT:MQTT 客户端等待与消息代理服务器建立连接。

（2）DISCONNECT：MQTT 客户端与消息代理服务器断开 TCP/IP 会话。

（3）SUBSCRIBE：MQTT 客户端等待订阅。

（4）UNSUBSCRIBE：消息代理服务器取消 MQTT 客户端的一个或多个主题订阅。

（5）PULISH：MQTT 客户端发送消息请求，完成后返回应用程序线程。

6.2.1　MQTT 系统工作流程

在网络通信中，MQTT 客户端和消息代理服务器需要建立可靠的 TCP/IP 长连接，通过消息中间件实现主题的订阅和发布。基于 MQTT 协议的消息通信大致分为以下三个步骤。

1. 建立连接

在 MQTT 客户端发送连接请求前，消息代理服务器应先进行消息代理模块初始化，待服务成功启动后，MQTT 客户端发送 CONNECT 控制报文请求连接，若请求成功，则消息代理服务器返回 CONNACK 响应报文回应。成功建立连接后，消息代理服务器将按照自定义规则完成给 MQTT 客户端或设备分配 ID、主题发布/订阅等操作。

2. 主题订阅

MQTT 客户端与消息代理服务端建立连接后，MQTT 客户端可以发送 SUBSCRIBE 控制报文请求主题订阅，若请求成功，则消息代理服务器会返回 SUBACK 响应报文回应，SUBACK 报文中含有主题是否成功订阅的值，以及主题允许的最大 QoS 级别，消息代理服务器也可以发送 UNSUBSCRIBE 控制报文取消主题订阅。

3. 消息发布/订阅

根据消息订阅列表，使用 PUBLISH 控制报文来进行消息的发布，消息代理服务器会根据设置的最大 QoS 级别来选择回应。若 QoS=0，则消息代理服务器不发送回应消息；若 QoS=1，则消息代理服务器收到 PUBLISH 控制报文一定会发送 PUBACK 响应报文回应，但消息可能会被发送多次；若 QoS=2，则消息代理服务器收到 PUBLISH 请求后，第一次将发送 PUBREC 响应报文，待 MQTT 客户端发送 PUBREL 回应后，消息代理服务器才会进行消息发布，并第二次发送 PUBCOMP 响应报文。

在物联网应用中，物联网设备通过发送 CONNECT 控制报文请求连接消息代理服务器，并 SUBSCRIBE（订阅）一个或多个感兴趣的主题，然后其他客户端（如手机）与 MQTT 消息代理服务器建立连接后，可以向这个服务器 PUBLISH（发布）有关主题的消息报文，MQTT 服务器就会把数据包发送给订阅这个主题的物联网设备。通过 MQTT 消息代理服务器完成 MQTT 客户端之间的消息通信，最终实现远程控制物联网设备。

在智能照明中，智能灯泡先向 MQTT 消息代理服务器发送 CONNECT 控制报文请求建立连接，再发送 SUBSCRIBE 控制报文进行特定主题的订阅，当用户使用手机 APP 连接到 MQTT 消息代理服务器时，可以 PUBLISH（发布）关于该主题的有效消息（开灯/关灯），然后 MQTT 消息代理服务器将发送与该操作对应的响应报文（控制命令）到手机 APP，实现远程控制智能灯泡的功能。

6.2.2　MQTT 系统通信

在 MQTT 协议中，一个 MQTT 数据包由固定头（fixed header）、可变头（variable header）、消息体（payload）三个部分构成，如图 6-3 所示。

图 6-3　MQTT 数据包

1. 固定头

固定头存在于所有的 MQTT 数据包中,表示数据包的类型及数据包的分组类标识。固定头包括消息质量的标识、消息是否保留在服务器、消息长度等内容。固定头数据表示如图 6-4 所示。它最少有两个字节,第一个字节包含消息的类型(message type)和 QoS 等级等标志位。第二个字节开始是剩余长度字节,该长度是后面的可变头加消息体的总长度,该字段最多允许四个字节。剩余长度字段单个字节的最大值为 0x7F,也是 127 个字节。

bit	7	6	5	4	3	2	1	0
byte1	MQTT 控制报文的类型				DUP 标志化	QoS 等级		retain
	0	0	1	1	x	x	x	x
byte2	剩余长度							

图 6-4　固定头数据表示

MQTT 协议规定,如果单个字节的最高位是 1,则表示后续还有字节存在,第八位起延续位的作用。MQTT 协议最多使用四个字节表示剩余长度,并且最后一个字节的最大值只能是 0x7F,而不是 0xFF。MQTT 协议发送的最大消息长度是 256 MB。

在 MQTT 协议中,提供三种不同等级的 QoS,分别表示至多一次、至少一次和有且只有一次的消息发送机制,对应关系如表 6-2 所示。根据报文的重要程度去设定不同的 QoS 等级。QoS=0,消息代理服务器只发送一次消息,不论 MQTT 客户端有没有收到消息,都不会再重发消息了;QoS=1,消息一定会发送到 MQTT 客户端,但消息有可能会被消息代理服务器多次发送;QoS=2,消息代理服务器发布的消息有且只有一次被 MQTT 客户端接收到。QoS=2 等级最高,消息可靠性也最强。

表 6-2　QoS 等级

QoS 值	bit2	bit1	描述
0	0	0	至多分发一次
1	0	1	至少分发一次
2	1	0	仅分发一次
3	1	1	保留

retain 表示对新来的订阅者是否进行消息推送。retain 标志为 1 时,若有新的 MQTT 客户端(设备)订阅某主题,消息代理服务器会将该主题下发布的最新消息推送给订阅者。retain 标志为 0 时,消息代理服务器只对在消息推送时刻,订阅列表中的 MQTT 客户端进行消息推

送,新加入的 MQTT 客户端不会接收到消息推送。

2. 可变头

MQTT 数据包中包含一个可变头,它驻位于固定头和消息体之间。可变头的内容因 MQTT 数据包的类型不同而不同。可变头主要包含协议名、协议版本、连接标志、心跳间隔时间、连接返回码、主题名等。可变头一般作为 MQTT 数据包的标识,如图 6-5 所示。很多数据包中包括 2 个字节的 MQTT 数据包标识字段,如 PUBLISH(QoS>0)、PUBACK、PUBREC、PUBREL、PUBCOMP、SUBSCRIBE、SUBACK、UNSUBSCRIBE、UNSUBACK 等。

bit	7	6	5	4	3	2	1	0
byte1	包标签符(MSB)							
byte2...	包标签符(LSB)							

图 6-5 可变头数据表示

在可变头的连接标志位字段(connect flag),有三个 will 标志位,即 will flag、will QoS 和 retain flag,它们用于监控 MQTT 客户端与消息代理服务器之间的连接状况。此外,消息代理服务器与 MQTT 客户端通信时,如果遇到异常或 MQTT 客户端心跳超时的情况,则消息代理服务器会替 MQTT 客户端发送一个 will 消息。如果消息代理服务器收到来自 MQTT 客户端的 DISCONNECT 消息,则不会触发 will 消息发送。因此,will 字段可以应用于设备掉线后通知用户的场景。

MQTT 客户端可以设置一个心跳间隔时间(keep alive timer),表示在每个心跳检测时间内发送一条消息。如果在这个时间周期内,没有业务数据相关的消息,MQTT 客户端会发送一个 PINGREQ 消息,相应地,消息代理服务器会返回一个 PINGRESP 消息进行确认。消息代理服务器如果在一个半(1.5)个心跳间隔时间周期内没有收到来自 MQTT 客户端的消息,就会断开与 MQTT 客户端的连接。

3. 消息体

消息体存在于部分 MQTT 数据包中,表示 MQTT 客户端收到的具体内容。当 MQTT 系统发送的消息类型是 CONNECT(连接)、PUBLISH(发布)、SUBSCRIBE(订阅)、SUBACK(订阅确认)、UNSUBSCRIBE(取消订阅)时会带有消息体。

消息体是 MQTT 数据包的第三部分,包含 CONNECT、SUBSCRIBE、SUBACK、UNSUBSCRIBE 四种类型的消息。其中:CONNECT 主要是客户端 clientID、订阅 topic、message 以及用户名和密码;SUBSCRIBE 是一系列要订阅的主题以及 QoS 值;SUBACK 是消息代理服务器对 SUBSCRIBE 所申请的主题及 QoS 值进行确认和回复;UNSUBSCRIBE 是要订阅的主题。

6.2.3 消息代理服务器

消息代理服务器是消息订阅端与消息发布端之间的中间人。它接受 MQTT 客户端的网络连接,接收 MQTT 客户端发布的应用消息,处理 MQTT 客户端订阅和退订的请求,转发匹配 MQTT 客户端订阅的应用消息。随着物联网技术的蓬勃发展,涌现出一批优秀的 MQTT 消息中间件。

（1）Apollo：一款 MQTT 消息中间件，在 ActiveMQ 基础上发展而来，支持 STOMP、AMQP、MQTT、OpenWire、SSL 和 WebSockets 等多种协议，并且提供后台管理页面，方便开发者管理和调试。

（2）EMQTT：国内号称百万级开源 MQTT 消息中间件，基于 Erlang/OTP 语言平台开发，支持大规模连接和分布式集群，发布订阅模式的开源 MQTT 消息代理服务器。

（3）HiveMQ：一个企业级 MQTT 消息中间件，主要用于企业和新兴的机器到机器（M2M）通信和内部传输，最大限度地满足可伸缩性、易管理和安全特性要求，提供免费的个人版。HiveMQ 提供了开源的插件开发包。

（4）Mosquitto：一款实现了消息推送协议 MQTT V3.1 的开源消息代理软件，提供轻量级、支持可发布/可订阅的消息推送模式。

6.2.4　MQTT 客户端

MQTT 客户端可以是一个应用程序或一台设备，可以发布其他 MQTT 客户端关注的消息，订阅自己需要的消息，或退订消息，或与消息代理服务器断开连接。当然，MQTT 客户端与消息代理服务器建立连接后，才可以订阅主题，接收消息代理服务器推送的消息；或者主动发布主题，将消息发送给消息代理服务器。MQTT 客户端工作流程如图 6-6 所示。

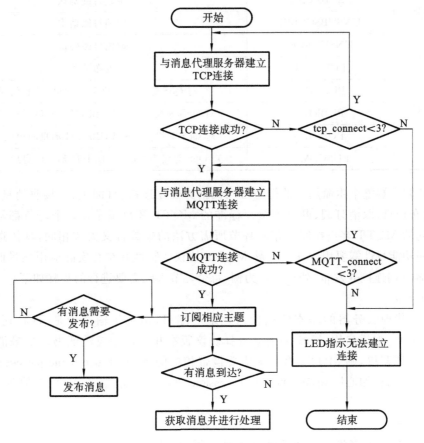

图 6-6　MQTT 客户端工作流程

首先,MQTT 客户端或设备需获取消息代理服务器的 IP 地址和端口号,与消息代理服务器建立 TCP 连接,获取 user name、password 和 clientID、保活时间等;向消息代理服务器发送一个 CONNECT 消息流,建立一个协议级别的会话。当 MQTT 连接成功后,每个 MQTT 客户端根据设备验证后,向消息代理服务器订阅主题。MQTT 客户端可以根据主题,实现与其他 MQTT 客户端的通信;当其他 MQTT 客户端发布主题消息时,MQTT 客户端可以实时接收到消息,对消息进行提取、解析,并进行相应处理。MQTT 协议规定了 14 种消息传输类型,这 14 种消息传输类型从功能上可以划分为如表 6-3 所示的四大类。

表 6-3 消息传输类型

消息类型	控制报文	报文描述
连接处理类	CONNECT	MQTT 客户端连接请求
	CONNACK	连接确认响应
	DISCONNECT	MQTT 客户端断开连接请求
连接保活类	PINGREQ	心跳请求
	PINGRESP	心跳请求响应
主题订阅类	SUBSCRIBE	主题订阅请求
	SUBACK	主题订阅确认
	UNSUBSCRIBE	取消订阅请求
	UNSUBACK	取消订阅确认
消息发布类	PUBLISH	发布消息
	PUBACK	对 QoS 等级为 1 的 PUBLISH 消息的回应
	PUBREC	对 QoS 等级为 2 的 PUBLISH 消息的第一步验证
	PUBREL	对 QoS 等级为 2 的 PUBLISH 消息的第二步验证
	PUBCOMP	对 QoS 等级为 2 的 PUBLISH 消息的最后一步验证

MQTT 客户端整个生命周期的行为可以概括为建立连接、订阅主题、接收消息并处理、向指定主题发布消息、取消订阅、断开连接。标准的 MQTT 客户端库在每个环节都暴露出相应的方法,不同的 MQTT 客户端库在相同环节所需方法的参数含义大致相同,具体选用哪些参数、启用哪些功能特性需要用户深入了解 MQTT 协议的特性并结合实际应用场景而定。以一个 MQTT 客户端连接并发布、处理消息为例,每个环节大致需要进行的步骤如下。

1. 建立连接

指定消息代理服务器的基本信息接入地址与端口,指定传输类型是 TCP 还是 MQTT over WebSocket。如果启用 TLS,则需要选择协议版本并携带相应的证书。如果消息代理服务器启用了认证鉴权,则 MQTT 客户端需要携带相应的 MQTT username password 信息,用以配置客户端参数,如心跳间隔时间、clean session 回话保留标志位、MQTT 协议版本、遗嘱消息等。

2. 订阅主题

MQTT 客户端连接建立成功后可以订阅主题,此时:需要指定主题信息,MQTT 客户端订阅主题时,需要指定主题过滤器,支持主题通配符"＋"与"♯"的使用;需要指定 QoS 等级,根据 MQTT 客户端库和消息代理服务器的实现可选 Qos 0/1/2,注意部分消息代理服务器与云服务提供商不支持部分 QoS 等级,如 AWS IoT、阿里云 IoT 套件、Azure IoT Hub 均不支持 QoS 2 等级的消息。主题订阅可能因为网络问题、消息代理服务器端 ACL 规则的限制而失败。

3. 接收消息并处理

MQTT 客户端一般在连接时指定处理函数,根据 MQTT 客户端库与平台的网络编程模型不同,此部分处理方式略有不同。

4. 向指定主题发布消息

MQTT 客户端向指定主题发布消息时:需要指定目标主题(注意:该主题不能包含通配符"+"和"#",主题中包含通配符可能会导致消息发布失败、MQTT 客户端断开等情况);需要指定消息 QoS 等级(存在不同消息代理服务器与平台支持的 QoS 等级不同的情况,如 Azure IoT Hub 发布 QoS 2 的消息将断开 MQTT 客户端连接);需要指定消息体的内容,消息体内容的大小不能超出消息代理服务器设置的最大消息的大小;需要指定消息 retain 保留消息标志位。

5. 取消订阅

指定目标主题即可。

6. 断开连接

MQTT 客户端主动断开连接,消息代理服务器将发布遗嘱消息。

MQTT.fx 是目前主流的 MQTT 客户端,是基于 Eclipse Paho,使用 Java 语言编写的 MQTT 客户端工具。MQTT.fx 支持通过主题过滤器订阅和发布消息,用于前期和物联网云平台调试非常方便。MQTT.fx 下载网站是 http://MQTTfx.bceapp.com/,选择合适版本下载并安装 MQTT.fx 客户端,即可实现消息代理服务器的调试工作。使用 MQTT.fx 时,需要注意配置相关信息。MQTT.fx 的参数配置如表 6-4 所示。

表 6-4　MQTT.fx 的参数配置

参数名称	说明
profile name	配置文件名称,可随意填写
broker address	设置 MQTT 消息代理服务器 IP 地址
broker port	设置端口号,如 1884
clientID	设置客户端 ID,不能大于 128 B,UTF8 编码

完成 MQTT.fx 客户端相关配置,点击"Connect"按键连接服务。成功连接消息代理服务器后,即可开始订阅消息。打开"Subscribe"标签,填写主题 topic,选择默认的 QoS 0,点击"Subscribe"进行订阅操作。打开"Publish"标签,填写主题 topic,选择默认的 QoS 0,输入框中填写信息,如{ "reported":{ "temperature":26,"humidity":45 } },点击"Publish"进行发布操作,返回"Subscribe"界面,可看到已接收的订阅消息。

以设备作为 MQTT 客户端时,开发者需要移植 MQTT 客户端协议。Paho 官方网站提供了嵌入式 MQTT-SN C/C++ 客户端的库,可到 Paho 官方网站(http://www.eclipse.org/paho/)下载 SDK 并获取帮助文档。该库具有以下特征。

(1) 只需要非常有限的运行资源。

(2) 不依赖任何特定的库,支持线程、内存管理。

（3）采用 ANSI 标准 C,可实现最低级别、最大程度的可移植性。

（4）可以在实时操作系统上使用,目前主要针对 Mbed 和 FreeRTOS 等环境。

6.3 物联网与消息中间件

物联网系统被分为四个层次,即感知及控制层、网络层、平台服务层、应用服务层。事实上,平台服务层和应用服务层属于物联网系统的最上层,简称为物联网云平台。物联网云平台应具备下面几个基本功能。

（1）设备通信:这是联网最基本的功能,需要定义好通信协议,可以和设备正常通信;提供不同网络的设备接入方案,如 2G、3G、4G、NB-IoT、LoRa 等;提供设备端 SDK,提供一定的 SDK 源代码,减少客户的工作量;提供设备影子缓存机制,将设备与应用解耦。

（2）设备管理:管理设备的合法性,每个设备需要有一个唯一的标志;控制设备的接入权限,管理设备的在线、离线状态,设备的在线升级,设备注册删除禁用等功能。

（3）数据存储:面对海量的连接数量和海量的数据,必须有可靠的数据存储。

（4）安全管理:接入物联网的设备繁杂,有差距悬殊的计算能力,有非常重要的数据,需要对设备的安全连接做出充分保障,一旦信息泄露会造成极其严重的后果。对不同的接入设备要有不同的权限级别。

（5）人工智能处理:对于物联网海量的数据,很多时候需要做分析处理,物联网海量的数据里面蕴含着极高的商业价值。

6.3.1 MQTT 应用开发

物联网云平台主要包括 web 应用服务器、数据库服务器、MQTT 消息代理服务器等,主要负责设备完成数据采集后,基于协议进行传输和存储,实现物联网数据计算与分析,它是物联网系统的核心组成部分。物联网云平台分别连接智能硬件设备和 web 客户端,对双方信息和控制请求进行处理和存储,实现双向实时通信和控制转移。物联网云平台有两大通信组件,即MQTT 消息代理件和 HTTP 通信模块。智能硬件设备通过 MQTT 协议与物联网云平台完成数据交换;web 客户端通过 HTTP 通信模块与物联网云平台完成数据交互。

其中,MQTT 消息代理服务器实现物联网设备和平台服务层的消息传输功能,即物联网设备发布消息,web 应用服务器基于 MQTT 协议订阅消息;反之,web 应用服务器发布消息,物联网设备基于 MQTT 协议订阅消息,如图 6-7 所示。web 应用服务器需要发布的消息来源有两类,一类是来自用户 web 客户端请求,另一类是应用服务层的规则引擎触发生成的命令。

MQTT 消息代理服务器非常多,我们选择国内知名的 EMQTT 作为案例。EMQTT 是基于 Erlang/OTP 平台开发的开源物联网 MQTT 消息代理服务器,具有出色的软实时(soft-realtime)、低延时(low-latency)、分布式(distributed)等性能。一般来说,生产环境的 MQTT服务建议搭建在 Linux 操作系统上,如果在验证和使用阶段,则可以在常见的 Windows 平台上搭建、运行和测试。

1. 技术特点

EMQTT 支持高可靠通信,并支持承载大量物联网终端的 MQTT 连接,支持大量物联网设备间的低延时消息路由。

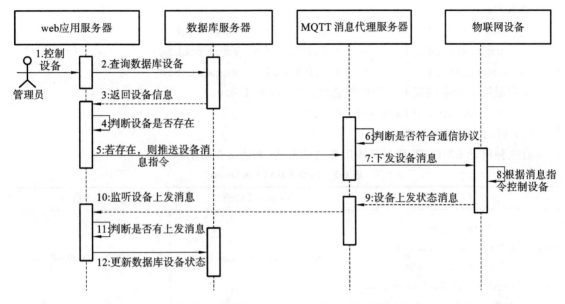

图 6-7 物联网与 MQTT 消息代理服务器

（1）稳定承载大规模的 MQTT 客户端连接，单服务器节点支持 50 万次到 100 万次连接。

（2）分布式节点集群，快速低延时的消息路由，单集群支持 1 000 万规模的路由。

（3）消息代理服务器内扩展，支持定制多种认证方式、高效存储消息到后端数据库。

（4）完整物联网协议支持，如 MQTT、MQTT-SN、CoAP、LwM2M、WebSocket 和私有协议支持。

同时，EMQTT 提供了丰富的 HTTP API，通过该接口可实现与外部系统的集成，如查询并管理客户端信息、代理订阅和发布消息、创建规则等。EMQTT 支持规则引擎，通过规则引擎实现消息数据的筛选、处理、转发，以及将消息存储于其他外部数据源。

2. EMQTT 安装和部署

EMQTT 提供多种安装和部署方式，支持市面上绝大多数操作系统（一般建议采用 Linux 服务器）。这里以 CentOS 操作系统为例，介绍安装过程。

（1）安装所需要的依赖包。

```
$ sudo yum install-y yum-utils device-mapper-persistent-data lvm2
```

（2）使用以下命令设置稳定存储库，以 CentOS7 为例。

```
$ sudo yum-config-manager--add-repo https://repos.emqx.io/emqx-ce/
redhat/centos/7/emqx-ce.repo
```

（3）安装最新版本的 EMQX broker。

```
$ sudo yum install emqx
```

如果提示接受 GPG 密钥，请确认密钥符合 fc84 1ba6 3775 5ca8 487b 1e3c c0b4 0946 3e64 0d53，并接受该指纹。

（4）安装特定版本的 EMQ X broker。

查询可用版本：

```
$ yum list emqx--showduplicates | sort-r
```

结果为：

```
emqx.x86_64              4.0.0-1.el7      emqx-stable
emqx.x86_64              3.0.1-1.el7      emqx-stable
emqx.x86_64              3.0.0-1.el7      emqx-stable
```

可根据第二列中的版本字符串安装特定版本，如 4.0.0。

```
$ sudo yum install emqx-4.0.0
```

（5）启动 EMQ X broker。

有三种启动 EMQTT 消息代理服务器的方式，如表 6-5 所示。

表 6-5　启动 EMATT X broker

直接启动	systemctl 启动	service 启动

`$ emqx start`
`emqx 4.0.0 is started successfully!`
`$ emqx_ctl status`
`Node 'emqx@ 127.0.0.1' is started`
`emqx v4.0.0 is running`
	`$ sudo systemctl start emqx`	`$ sudo service emqx start`

（6）停止 EMQ X broker。

```
$ emqx stop
ok
```

（7）卸载 EMQ X broker。

```
$ sudo yum remove emqx
```

3. MQTT 软件客户端

安装好服务器端后，使用 MQTT 客户端对 MQTT 消息代理服务器的基本功能进行相关的测试。MQTT 客户端有不少，如 Mosquito 提供了命令行，通过命令行工具可以方便地进行测试，最简单的方式是通过可视化的界面进行测试。

MQTT X 是 EMQ 开源的一款跨平台 MQTT 5.0 桌面客户端，它支持 macOS、Linux、Windows。MQTT X 采用了聊天界面形式，简化了页面操作逻辑，用户可以快速创建连接，允许保存多个 MQTT 客户端，可以快速测试 MQTT/MQTTS 连接，以及 MQTT 消息的订阅和发布。

安装和部署 MQTT 消息代理服务器后，下载 MQTT 客户端软件 MQTT X，进入 MQTT X 主程序页面，需要配置新 MQTT 客户端的连接参数。配置信息如下。

（1）broker 信息。

配置 EMQTT 客户端信息时，"Client ID""Host""Port"已经默认填写，根据 EMQTT 消息代理服务器的实际信息修改。

（2）用户认证信息。

如果 EMQTT 消息代理服务器开启了用户认证，EMQTT 客户端配置项中需填写"Username"和"Password"信息。

（3）SSL/TLS 认证。

当开启 SSL/TLS 认证时，EMQTT 客户端需要将配置中的 SSL/TLS 配置项设置为

"true"，并提供"CA Signed Self"和"Self Signed"两种方式。如果是单向连接，则选择"CA File"即可；如果是双向认证，则还需要选择配置"Client Certificate File"和"Client Key File"。开启"Strict Validate Certificate"的选项后，会启用更完整的证书验证连接，一般推荐在需要测试正式环境时启用。

（4）高级配置。

在 EMQTT 客户端高级配置中，可以配置连接超时时长、"Keep Alive"、"Clean Session"、自动重连、"MQTT Version"等。

（5）遗嘱消息。

EMQTT 客户端可以配置遗嘱消息，"Last-Will-QoS"和"Last-Will-Retain"的值分别默认为 0 和"False"，输入"Last-Will-Topic"和"Last-Will-Payload"的值后，对遗嘱消息的配置完成。

（6）消息订阅。

EMQTT 客户端设置某个主题，并完成订阅后，订阅列表中出现该主题。当消息代理服务器基于该主题发布消息，EMQTT 客户端会收到消息内容。

（7）消息发布。

EMQTT 客户端设置某个主题，向消息代理服务器发布消息内容；当消息代理服务器订阅该主题时，即可收到 EMQTT 客户端发布的消息内容。

4. MQTT C 语言客户端

Eclipse Paho C（opens new window）与 Eclipse Paho Embedded C（opens new window）均为 Eclipse Paho 项目下的 C 语言客户端库（MQTT C client）中采用 ANSI C 编写的功能齐全的 MQTT 客户端。

Eclipse Paho Embedded C 可以在桌面操作系统上使用，但主要针对 Mbed（opens new window），Arduino（opens new window）和 FreeRTOS（opens new window）等嵌入式环境。该客户端有同步/异步两种 API，分别以 MQTTClient 和 MQTTAsync 开头。同步 API 旨在更简单、更实用，编程更容易；异步 API 中只有一个调用块 API-waitForCompletion，通过回调进行结果通知，更适用于非主线程的环境。

本示例包含 C 语言的 Paho C 连接 EMQ X broker，并进行消息收发完整代码。

```c
# include "stdio.h"
# include "stdlib.h"
# include "string.h"
# include "MQTTClient.h"
# define ADDRESS      "tcp://broker.emqx.io:1883"
# define CLIENTID     "emqx_test"
# define TOPIC        "testtopic/1"
# define PAYLOAD      "Hello World!"
# define QOS          1
# define TIMEOUT      10000L
int main(int argc,char*  argv[])
{
    MQTTClient client;
```

```
        MQTTClient_connectOptions conn_opts=MQTTClient_connectOptions_
initializer;
        MQTTClient_message pubmsg=MQTTClient_message_initializer;
        MQTTClient_deliveryToken token;
        int rc;
        MQTTClient_create(&client,ADDRESS,CLIENTID,
            MQTTCLIENT_PERSISTENCE_NONE,NULL);
        //MQTT 连接参数
        conn_opts.keepAliveInterval=20;
        conn_opts.cleansession=1;
        if((rc=MQTTClient_connect(client,&conn_opts))!=MQTTCLIENT_
SUCCESS)
        {
            printf("Failed to connect,return code % d\n",rc);
            exit(-1);
        }
        //发布消息
        pubmsg.payload=PAYLOAD;
        pubmsg.payloadlen=strlen(PAYLOAD);
        pubmsg.qos=QOS;
        pubmsg.retained=0;
        MQTTClient_publishMessage(client,TOPIC,&pubmsg,&token);
        printf("Waiting for up to % d seconds for publication of % s\n"
            "on topic % s for client with ClientID:% s\n",
            (int)(TIMEOUT/1000),PAYLOAD,TOPIC,CLIENTID);
        rc=MQTTClient_waitForCompletion(client,token,TIMEOUT);
        printf("Message with delivery token % d delivered\n",token);
        //断开连接
        MQTTClient_disconnect(client,10000);
        MQTTClient_destroy(&client);
        return rc;
    }
```

5. 嵌入式系统中的 MQTT 协议移植

下面以 STM32 环境为例进行 MQTT 协议移植。准备相关实验器件和环境,硬件采用 STM32F103RBT6 处理器和 SIM800C 通信模块,软件开发基于 STM32 HAL、Keil MDK V5 和 Paho MQTT 协议。

(1) 下载 Paho MQTT 协议。

选择 Embedded C 版本,需考虑单片机平台资源有限,有些嵌入式处理器不支持动态内存分配,使用时较为困难(下载地址为 https://github.com/eclipse/paho.mqtt.embedded-c)。

解压后,进入"MQTTPacket"文件夹,里面有三个文件夹。把"src"文件夹中的所有文件和"samples"文件夹中的 transport.c、transport.h 两个文件复制到工程目录下。

(2)移植文件。

打开 transport.c 文件,该文件是 MQTT 客户端连接、发送、接收的接口,源码采用标准 socket 接口函数。虽然 LWIP 支持标准的 socket 接口函数,但由于里面有些函数无法得到支持,如连接函数 transport_open,需要把原来的 transport_open 函数注释掉,重新写一个。MQTT 协议移植时,将 C/C++MQTT Embedded clients 代码添加到工程中,然后封装以下 4 个函数:transport_sendPacketBuffer(发送数据包到服务器),transport_getdata(从服务器获取数据),transport_open(创建 socket,绑定、连接等),transport_close(关闭 socket)。用户程序后续要调用的一些接口函数,如 connect、Pub、Sub、disconnect 等,都基于这四个函数实现。

如果 STM32 或其他单片机采用 WiFi 模块或其他 GPRS 模块也没关系,MQTT 源码对协议包进行打包解包,数据传输都在 tranport.c 里面完成,可以写个通信接口,实现数据发布和接收。

(3)配置参数。

以上文件移植配置时,需要修改 transport.c 下相关的接口函数。网络连接使用的是 SIM800C 模块,使用 AT 指令实现网络数据的透传功能。启动步骤包含:上电→注册网络→连接 GPRS→设置单链接→设置透传→激活网络→连接 MQTT 消息代理服务器。MQTT 协议相关的 API 如图 6-8 所示。

```
#ifndef __MQTT_H
#define __MQTT_H
#include "sys.h"
#include <string.h>
#define          MQTT_TypeCONNECT                                          1//请求连接
#define          MQTT_TypeCONNACK                                          2//请求应答
#define          MQTT_TypePUBLISH                                          3//发布消息
#define          MQTT_TypePUBACK                                           4//发布应答
#define          MQTT_TypePUBREC                                           5//发布已接收,保证传递1
#define          MQTT_TypePUBREL                                           6//发布释放,保证传递2
#define          MQTT_TypePUBCOMP                                          7//发布完成,保证传递3
#define          MQTT_TypeSUBSCRIBE                              8//订阅请求
#define          MQTT_TypeSUBACK                                           9//订阅应答
#define          MQTT_TypeUNSUBSCRIBE               10//取消订阅
#define          MQTT_TypeUNSUBACK                                        11//取消订阅应答
#define          MQTT_TypePINGREQ                                         12//ping请求
#define          MQTT_TypePINGRESP                                        13//ping响应
#define          MQTT_TypeDISCONNECT               14//断开连接

#define          MQTT_StaCleanSession              1        //清理会话
#define          MQTT_StaWillFlag                  0              //遗嘱标志
#define          MQTT_StaWillQoS                   0              //遗嘱QoS连接标志
#define          MQTT_StaWillRetain               0        //遗嘱保留
#define          MQTT_StaUserNameFlag              1        //用户名标志 User Name Flag
#define          MQTT_StaPasswordFlag             1        //密码标志 Password Flag
#define          MQTT_KeepAlive                            60
#define          MQTT_ClientIdentifier   "Tan1"   //客户端标识符 Client Identifier
#define          MQTT_WillTopic          ""                  //遗嘱主题 Will Topic
#define          MQTT_WillMessage        ""                  //遗嘱消息 Will Message
#define          MQTT_UserName           "admin"        //用户名 User Name
#define          MQTT_Password           "password"     //密码 Password
```

图 6-8　配置 MQTT 客户端

6.3.2 国内外物联网云平台

物联网云平台为各行各业提供通用的服务能力,如数据路由、数据处理与挖掘、业务流程和应用整合、通信管理、应用开发、设备维护服务等。根据功能的不同,物联网云平台从底层到上层可分为设备管理平台、连接管理平台、应用支持平台和业务分析平台等。作为设备汇聚、应用服务、数据分析的重要环节,物联网云平台是物联网架构和产业链的枢纽,向下接入分散的物联网传感层,汇集传感数据,向上面向应用服务提供应用开发的基础性平台和面向底层网络的统一数据接口,支持基于传感数据的物联网应用。

国外物联网云平台厂商有 AWS、IBM Watson 等。国内物联网云平台行业主要存在三类厂商:一是三大电信运营商,主要从搭建连接平台入手;二是百度、阿里巴巴、腾讯等互联网厂商,利用各自的传统优势,主要搭建设备管理和应用开发平台;三是在各自细分领域的平台厂商,如机智云、树根互联、上海庆科等。

下面介绍一些具有代表性的国内外物联网云平台。

1. 微软 Azure

Azure 提供完全托管的物联网服务,可在数百万个物联网设备和物联网云平台之间实现安全可靠的双向通信,提供可靠的设备到云和云到设备的大规模消息传送,使用每个设备的安全凭据和访问控制来实现安全通信,可广泛监视设备的连接性和设备标识管理事件,包含最流行语言和平台的设备库。Azure 提供从设备接入、数据通信、数据标准化、数据存储、数据分析及可视化的整套解决方案,如图 6-9 所示。

图 6-9 微软 Azure

Azure 连接设备,从这些设备接收大规模数据,以及管理这些设备的授权和限制。设备连接到云和处理设备的聚合事件时,设备的快速增长以及平台和协议的不一致会引起巨大的挑战。Azure 同时支持 AMQP 协议和 HTTP 协议,并监视数据流,对业务数据进行深度分析,促进效率提升,精简业务流程。Azure 支持快速开发和部署,由设备和传感器发送的数据获得有效分析。Azure 的特点如下。

（1）设备 SDK：使用 MQTT 协议、HTTP 协议或 WebSockets 协议将硬件设备连接到 AWS 物联网，硬件设备无缝安全地与 AWS 物联网提供的设备网关和设备影子协作。设备 SDK 支持 C、JavaScript、Arduino、Java 和 Python。设备 SDK 包含开源库、带有示例的开发人员指南和移植指南，用户根据硬件平台构建物联网产品或制定解决方案。

（2）设备网关：设备网关支持设备安全、高效地与 AWS 物联网进行通信。设备网关可以使用发布/订阅模式交换消息，从而支持一对一和一对多的通信。凭借一对多的通信模式，AWS 物联网支持互联设备向多名给定主题的订阅者广播数据。设备网关支持 MQTT 协议、WebSocket 协议和 HTTP 1.1 协议，也支持私有协议。设备网关可自动扩展，以支持 10 亿多台设备，而无须预配置基础设施。

（3）认证和授权：AWS 物联网在所有连接点处提供相互身份验证和加密。AWS 物联网支持 AWS 身份验证方法（称为 SigV4）以及基于身份验证的 X.509 证书。使用 HTTP 协议的连接可以使用任一方法，使用 MQTT 协议的连接可以使用基于证书的身份验证，使用 WebSockets 协议的连接可以使用 SigV4。

（4）规则引擎：规则引擎验证发布到 AWS 物联网的入站消息，并根据定义的业务规则转换这些消息并将它们传输到另一台设备或云服务。规则可以应用至一台或多台设备中的数据，并且它可以并行执行一个或多个操作。规则引擎将提供数十个用于转换数据的可用功能，并且可以通过 AWS Lambda 创建无限个功能。例如，如果正在处理各种不同的数值，则可以取传入数字的平均值。规则还会触发在 AWS Lambda 中执行 Java、Node.js 或 Python 代码，从而提供最高灵活度以及处理设备数据的能力。

此外，AWS 物联网云平台提供开发简单、功能强大、可灵活扩展、基于托管云服务的预测分析方案，具有数据探索、描述性分析、预测性分析、监管学习、无人值守学习、模型训练和评估等能力，如图 6-10 所示。

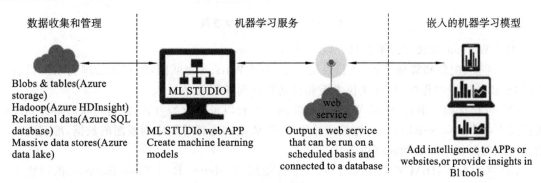

图 6-10　AWS 物联网云平台的机器学习

2. IBM Watson 物联网

IBM Watson 物联网提供全面管理的托管云服务。IBM Watson 物联网云平台提供对物联网设备和数据的强大应用程序访问，可快速编写分析应用程序、可视化仪表板和移动物联网应用程序。IBM Watson 物联网云平台可以执行强大的设备管理操作，并存储和访问设备数据，连接各种设备和网关设备。IBM Watson 物联网云平台通过使用 MQTT 协议和 TLS 协议，提供与设备之间的安全通信。IBM Watson 物联网云平台使应用程序与已连接的设备、传感器和网关进行通信并使用由它们收集的数据，应用程序可以使用实时 API 和 REST API 来与设备进行通信，如图 6-11 所示。

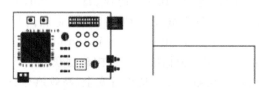

您的设备或网关
我们从您的设备开始，无论它是传感器、网关还是其他设备
要了解如何建立连接，请搜索我们的诀窍

MQTT协议
您的设备数据会使用开放式轻量级
MQTT协议安全地发送到云中

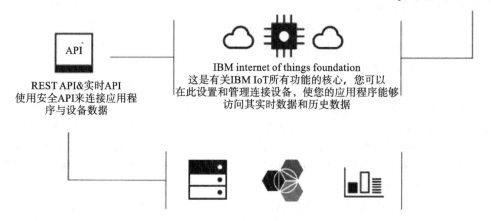

REST API&实时API
使用安全API来连接应用程
序与设备数据

IBM internet of things foundation
这是有关IBM IoT所有功能的核心，您可以
在此设置和管理连接设备，使您的应用程序能够
访问其实时数据和历史数据

您的应用程序与分析
在IBM Bluemix、其他云或您自己的服务器中创建应用程序
来解释您当前有权访问的数据

图 6-11　IBM Watson 物联网

IBM Watson 物联网云平台具有以下功能。

（1）连接、配置和管理设备：支持设备连接 IBM Watson 物联网，配置和管理物联网设备和数据，创建分析应用程序、可视化仪表板和移动物联网应用程序。

（2）可视化归集事件：IBM Watson 物联网云平台以可视化的方式，收集物联网事件到逻辑流程图中，使用 Node-RED 进行拖拽式流程编排，收集和管理时间序列视图的数据，准实时地在数据可视化面板中查看物联网设备状态。

（3）实时分析：IBM Watson 物联网云平台使用 Analytics Real-Time Insights 执行物联网设备数据的实时分析，观察设备的健康度和操作状态。

（4）应用认知计算：IBM Watson 物联网云平台使用文字和语音进行自然的交互、图像和场景识别、对传感器输入进行模式匹配、与外部数据进行关联。

（5）应用区块链：IBM Watson 物联网云平台使用风险管理平台，包括区块链，存储数据到共享且无法擦除的分类账，为所有参与者提供安全的交易数据链访问。

（6）设备管理：IBM Watson 物联网云平台通过使用设备管理服务，执行各种设备操作。例如，重新引导或更新固件、接收设备诊断和元数据，或者执行批量设备添加和移除。

（7）响应式可扩展连接：IBM Watson 物联网云平台使用业界标准的 MQTT 协议连接设备和应用程序。MQTT 协议旨在与设备实时、高效地交换数据。

（8）安全通信：IBM Watson 物联网云平台从设备中安全接收数据并向设备发送命令,通过将 MQTT 协议与 TLS 协议结合使用于完成此操作,保护设备与服务间的所有通信。

（9）存储和访问数据：IBM Watson 物联网云平台有权访问来自设备的实时数据,并将数据存储一段时间,从而有权访问设备的历史数据和实时数据。

3. 百度物联网

百度物联网融合百度 ABC（AI、Big Data、Cloud）技术,提供"一站式、全托管"智能物联网平台,可赋能物联网应用开发商和生态合作伙伴从连接、理解到唤醒的各项关键能力,从而轻松构建各类智能物联网应用,促进行业变革,如图 6-12 所示。

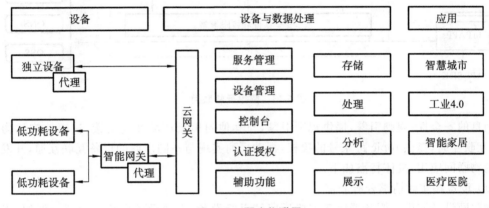

图 6-12　百度物联网

百度物联网由四个部分组成。

（1）物联基础套件。

以物管理为核心的开发模型致力于成为云服务器描述真实世界的载体,提供设备管理、数据接入、协议解析等基础功能,更方便对接时序数据库、物可视等产品服务。

（2）物联数据存储。

时序数据库是物联网时序数据存储的最佳选择,基于时序数据可以做到超高性能读写和计算优化,并且可以与端上时序数据库无缝实时协同。

（3）物联安全套件。

物联安全套件提供面向设备的密钥和证书管理服务,用于实现设备端与云服务器双向认证与传输加密,以及实时审查并获悉物联网设备的安全状况,确保设备遵循安全最佳实践。

（4）物联边缘计算。

将云计算能力拓展至用户现场,可以提供临时离线、低延时的计算服务,包括函数计算、AI推断。智能边缘配合百度智能云,形成"云管理,端计算"的端云一体解决方案。

4. 阿里云物联网

阿里云物联网为设备和物联网应用程序提供发布和接收消息的安全通道,如图 6-13 所示。数据通道目前支持 CCP 协议和 MQTT 协议。用户可以基于 CCP 协议实现 Pub/Sub 异步通信,也可以使用远程过程调用（RPC）的通信模式实现设备端与云服务器的通信。用户也可以基于开源协议 MQTT 协议连接阿里云物联网,实现 Pub/Sub 异步通信。

设备接入,提供设备端 SDK,方便用户快速连接阿里云物联网数据通道;安全接入,提供设备端安全的认证方法,确保设备在云端的安全性以及合法性;云服务器服务的消息转发,消息路由转发,实现 M2M、端到云、云到端等多样化消息互通场景;设备授权,提供设备级的权限粒度,

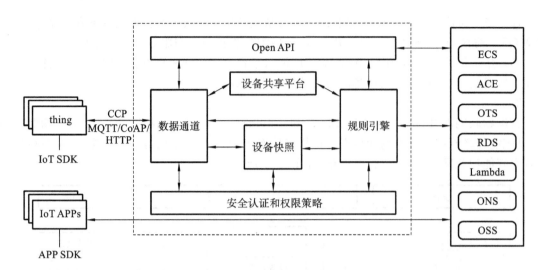

图 6-13　阿里云物联网

保证消息的安全性;规则引擎,提供规则引擎,与其他阿里云产品无缝衔接,快捷地构建物联网应用;互联互通,提供 topic 跨账号的授权,帮助厂商实现与不同厂商的设备互联互通,开发丰富多彩的物联网应用,具体特点如下。

(1)设备端实时请求云服务器。

物联网设备调用云服务器服务需要返回结果给设备,方便设备做相应处理。例如,用户通过智能音箱调用云服务器语音解析服务,设备可以实时得到解析结果并做出处理。

(2)云服务器实时请求设备端。

开发者通过云服务器控制设备时,需要知道控制有没有成功,如请求打开灯,用户需要得知灯是否打开,这就需要设备端返结果给云服务器。

(3)设备端与云服务器的异步请求。

很多物联网设备之间有互联互通的需求。例如,家里的门打开之后,灯和空调就打开。这种场景就可以基于阿里云物联网套件实现,将门的打开这个消息 Pub 到某个 topic,然后灯以及空调 Sub 该 topic 得到的门打开的消息做相应的处理。

(4)跨厂商设备的互联互通。

不同厂商的设备具有互联互通的需求。例如,A 厂商的手环通过检测用户的身体状态来控制 B 厂商的空气净化器以及 C 厂商的空调。

5. 机智云物联网

机智云物联网云平台是致力于物联网、智能硬件云服务的开放平台。机智云物联网云平台提供了从定义产品、设备端开发调试、应用开发、产测、运营管理等覆盖智能硬件接入到运营管理全生命周期服务的能力,如图 6-14 所示。

机智云物联网云平台为开发者提供了自助式智能硬件开发工具与开放的云服务器服务,通过傻瓜化的工具、不断增强的 SDK 与 API 服务能力最大限度地降低物联网硬件开发的技术门槛,降低研发成本,提升开发者的产品投产速度,帮助开发者进行硬件智能化升级,更好地连接、服务最终消费者。机智云物联网云平台的优点如下。

(1)自助开发工具。

将智能硬件的软件开发工具化、模块化,在云服务器提供自助服务界面,把智能硬件的功能

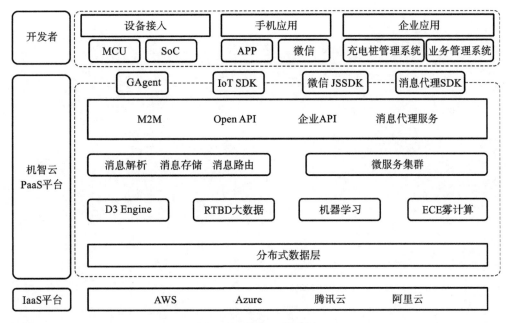

图 6-14　机智云物联网

描述成数据点,通过简单的表单操作在云服务器自助定义一款产品的功能,系统自动生成嵌入式开发协议文档、手机应用 SDK 和云服务器接口。

（2）GoKit 开发套件。

适用于机智云自助开发平台的物联网开源教学开发板,集成马达、LED 灯、WiFi 模块、红外传感器、温湿度传感器等,可快速实现多种智能硬件解决方案,支持 70 多款主流模块,自带微信硬件应用方案,可快速实现物联网设备开发。

（3）开发者服务。

机智云物联网云平台具备企业开放 API、模组及 MCU 开源代码、详细的说明文档、完善的 SDK、WiFi 设备接入测试 Demo APP、自动化产测工具、十款开源 APP、GoKit 智能硬件范例源码、真人教学视频,提供专业的 FAE 支持和 24 小时客户服务。

（4）机智云。

机智云云服务器提供了产品定义、产品数据点定义、虚拟设备调试、M2M 服务、API 服务等功能,为设备、应用接入提供云服务。

（5）GAgent。

开发者可根据机智云提供的协议与 GAgent 对接,使设备可快速接入。GAgent 目前已兼容国内主流的 WiFi 模块、移动网络模块。

（6）物联网 SDK。

机智云提供了基于 iOS、Android 操作系统的物联网 SDK,开发者通过物联网 SDK,可快速实现 APP 开发和无缝接入机智云,并根据物联网 SDK 获取机智云物联网云平台逐步推出的新服务。

（7）MCU。

开发者遵循机智云自动生成的模组与 MCU 通信协议进行 MCU 的开发。

第7章
物联网与时间序列数据

物联网感知及控制层不断生产大量的实时数据,对传统数据库是一种新的挑战。在电力、化工、自动化生产等行业中,各类型实时监测、分析等设备,数据发生频率快,每一个监测点一秒钟内可产生多条数据;每一条数据均要求对应唯一的时间;测点多且信息量大,常规实时监测系统均有成千上万个监测点,监测点每秒钟都产生数据,每天产生几十 GB 数据。

面对这种生产环境,传统关系数据库无法满足高效存储和查询等条件,时序数据库应运而生。时序数据库可有效处理庞大的数据。对于重复数据,时序数据库只保持一份,能节省 50％ 的空间,有效减少 I/O,主键索引非常高效,时间序列表头分离,不浪费空间。时序数据库主要用于处理带时间标签(按照时间顺序变化)的数据,这些带时间标签的数据被称为时间序列数据(简称时序数据)。该技术采用特殊数据存储方式,极大地提升了时间关联数据的处理能力。相对于关系数据库,它的存储空间减半,查询速度得到极大的提高。时间序列函数优越的查询性能,也使得时序数据库远超过关系数据库,非常适合在物联网分析中应用。

时序数据库是与传统数据库不一样的数据库类型,满足了物联网的数据存储需求。国内外主流工业物联网平台,几乎都采用时序数据库来承接大量工业数据的涌入。2016 年以来,时序数据库逐渐爆发。2016 年 7 月,百度在百度智能云天工物联网平台上发布了 TSDB。这是国内首个多租户的分布式时序数据库产品,成为支持百度发展制造、交通、能源、智慧城市等产业领域的核心产品。2017 年 2 月,Facebook 开源了 Beringei 时序数据库。2017 年 4 月,业内又推出开源时序数据库 TimeScaleDB。即将介绍的一些开源时序数据库 InfluxDB、OpenTSDB 等,也广泛应用于实际生产场景。

7.1　物联网数据概述

数据是互联网和物联网的核心价值。我们研究物联网系统,本质上是分析物联网数据生产、传输、存储、分析的整套流程,最后对汇聚数据后得到的数据进行深度学习,寻找数据规律,挖掘数据价值。当然,前面已经探讨过感知及控制层的数据,交由底层硬件标准化处理后,采用不同的通信传输方式,将数据通过 MQTT 协议发布到互联网上,最终实现设备上云。本章重点探讨将设备数据发送到云服务器后,如何高效存储、查询、分析和应用设备数据。

7.1.1　物联网数据的分类

物联网设备产生大量的数据,通过收集、整理和分析物联网数据,可以为用户提供决策支撑。这些数据大致分为能源类、资产属性类、诊断类、信号类等类型。针对不同类型的数据,我们需采取不同的数据存储和计算方式。

1. 能源类数据

能源类数据与能量采集和统计有关,如电流、电压、功率因子、频率等。能源类数据非常有价值,为工业生产、智能环保等行业的节能降耗提供决策支撑。

2. 资产属性类数据

资产属性类数据包括设备规格、设备参数、设备位置信息、设备之间的从属关系描述等。资产属性类数据主要用于资产管理,而资产管理是工业物联网非常重要的功能。资产属性类数据可以对接 ERP 系统、MES 系统、物流系统等。

3. 诊断类数据

诊断类数据是指设备运行过程中,设备运行的状态数据。诊断类数据可以分为两类:一类为设备运行参数,如设备输入/输出值,通常是传统工业自动化类数据;另一类为设备外围诊断类数据,如设备表面温度、设备噪声、设备振动参数等。设备外围诊断类数据是预测性维护重要的数据源,是深度控制模型的数据依据,因此是我们重点关注的数据类型之一。

4. 信号类数据

信号类数据是目前工业领域最普遍的一类数据,具有直观、易懂等特点。信号类数据可以快速采集,是物联网系统融合分析的重要依据。

此外,针对物联网数据的时间敏感性,物联网数据可分为静态数据和动态数据。静态数据多为标签类数据、地质类数据。RFID 产生的数据多为静态数据。静态数据多用关系数据库存储。动态数据是以时间为序列的数据。物联网动态数据的特点是每个数据都与时间有一一对应的关系,并且这种关系在数据处理中尤其重要。这类数据通常采用时序数据库存储。静态数据会随着传感器和控制设备数量的增加而增加。动态数据不仅随设备数量、传感器数量的增加而增加,还会随时间的增加而增加。无论是静态数据还是动态数据,数据增长都是线性的,并且是指数级的。因为物联网动态数据是连续不间断地增加,所以数据量很大。

7.1.2 物联网数据的特征

虽然物联网设备有不同的设备类型、不用的应用方式、不同的工作模式,但它们的数据生产过程有着相通性或相似性。

1. 数据时序性

物联网设备按照设定的周期,或受外部的事件触发,源源不断地产生数据,每个数据在某个时间点产生,对于数据的计算和分析十分重要,需要存储。

2. 数据结构化

物联网设备产生的数据往往是结构化的,一般是数值型数据。例如,智能电表采集的电流、电压等,可以用浮点数表示。

3. 数据无须更新

物联网设备产生的数据是日志型数据,一般不需要对原始数据进行修改。而传统的互联网应用,数据记录会经常修改或更新。

4. 数据源的唯一性

物联网设备具有唯一性,一台物联网设备的数据只有一个生产者。一个物联网设备采集的数据,与另一个物联网设备采集的数据是完全独立的。

5. 物联网数据写多读少

物联网数据一般会根据时间序列进行存储,只有在统计分析时才需要读取原始数据。一般不会更新某个数据记录,除非是周期性的数据迭代。

6. 数据的时间趋势

对于物联网数据,每个数据点与数据点的变化不大,一般是渐变的。人们更多关心的是一段时间,如过去五分钟、过去一个小时数据变化的趋势,对某一特定时间点的数据值一般并不关注。

7. 数据有保留期限

物联网数据一般都有周期性保留策略,仅保留一天、仅保留一周、仅保留一个月、仅保留一年或保留更长时间后,为节省存储空间,系统会自动删除。

8. 数据分析

对物联网数据进行计算和分析时,会结合时间范围,不会只针对一个时间点或者针对整个时间周期。一般根据时间维度,对物联网设备数据的子集进行分析,如某个地理区域内的设备,某个型号、某个批次的设备,某个厂商的设备等。

9. 实时分析计算

互联网大数据分析大部分是离线分析,即使有实时分析,实时分析的要求也并不高。例如用户画像,需要对一定数量的用户行为数据进行分析,早一天分析、晚一天分析不会有太大的影响。但物联网数据对实时性的要求很高,尤其是在根据计算结果进行实时报警的工作环境中。

10. 流量平稳,可预测

物联网的设备数量和数据采集频次相对稳定,通信流量和压力可预估,甚至可以较为准确地估算出所需要的带宽和流量,以及每天生成的数据大小。不像互联网的电商平台,在"双 11"期间,淘宝、天猫、京东等的流量达到几十倍涨幅。

11. 数据的特殊性

与传统互联网相比,物联网会有插值处理。例如设备采集量,会结合传感器实际采集的时间、网络延迟时间等因素,这时往往需要做插值处理,甚至进行复杂的函数处理。

12. 数据量巨大

物联网设备数量多,数据生产量大。以智能电表为例,一台智能电表每隔 15 分钟采集一次数据,每天自动生成 96 条记录,若全国有接近 5 亿台智能电表,每天光智能电表就生成近 500 亿条记录。五年之内,物联网设备产生的数据将占世界数据总量的 90% 以上。

7.1.3　物联网数据存储

物联网数据是流式数据,单个数据点的价值很低,甚至丢失一小段时间的数据也不影响分析,不影响系统正常运行。虽然看似简单,但数据记录条数多,导致数据实时写入成为瓶颈,查询分析较为缓慢,成为新的技术挑战。传统关系数据库、NoSQL 数据库以及流式计算引擎,由于没有考虑到物联网数据的特点,性能提升非常有限,只能依靠集群技术,投入更多的计算资源和存储资源来处理,系统运营维护成本急剧上升。

物联网数据包括设备 ID、时间戳、采集的物理量,还有设备静态标签。每个物联网设备受外界触发,或按周期采集数据,数据点具有时序性,形成一个数据流。面对这些数据,一些传统数据库的技术缺陷明显。传统数据库存储成本高,对于时序数据压缩效果不佳,需占用大量机器资源;传统数据库需要分库分表,维护成本高。传统数据库写入吞吐低,很难承受住千万级时序数据的写入压力。传统数据库查询性能差,适用于交易处理,海量数据的聚合分析性能差。传统数据库延迟性高,采用离线批处理系统,数据从产生到分析,耗时较长。

很多人可能认为,加上时间戳后传统关系数据库就能作为时序数据库使用。当数据量少时,这样做确实没问题。但时序数据往往有百万级甚至千万级的数据量,写入并发量比较高,属于海量数据。例如,在典型的物联网、车联网、运维监测场景中,往往有多种不同类型的数据采集设备采集一个或多个不同的物理量,如图 7-1 所示。数据处理系统需要将各种数据汇总,进行计算和分析,这是传统数据库无法满足的重要原因之一。

Device ID	Time Stamp	Value 1	Value 2	Value 3	Tag 1	Tag 2
D1001	1538548685000	10.3	219	0.31	Red	Tesla
D1002	1538548684000	10.2	220	0.23	Blue	BMW
D1003	1538548686500	11.5	221	0.35	Black	Honda
D1004	1538548685500	13.4	223	0.29	Red	Volvo
D1001	1538548695000	12.6	218	0.33	Red	Tesla
D1004	1538548696600	11.8	221	0.28	Black	Honda

图 7-1　时间序列数据

因此,时序数据需要使用新方法、新工具来解决以下问题。

(1) 时序数据写入:需要支持每秒钟上千万上亿数据点的写入。

(2) 时序数据读取:需要支持在秒级对上亿数据的分组聚合运算。

(3) 成本敏感:海量数据存储带来成本问题,如何以更低的成本存储这些数据,将成为时序数据库需要解决的重中之重。

(4) 存储成本:利用时间递增、维度重复、指标平滑变化的特性,合理选择编码压缩算法,提高数据压缩比;通过预降精度,对历史数据做聚合,节省存储空间。

(5) 高并发写入:批量写入数据,降低网络开销。数据先写入内存,再周期性地以不可变的文件的形式存储。

(6) 低查询延时、高查询并发:优化常见的查询模式,通过索引等技术降低查询延时。通过缓存、路由等技术来提高查询并发。

7.2　时序数据库

时序数据(time series data,TSD)是一串按时间维度索引的数据。简单来说,这类数据描述某个被测量的主体在一段时间范围内的测量值。它普遍存在于 IT 基础设施、运维监控系统和物联网系统中。时序数据包含三个重要部分:主体、时间点和测量值。在日常工作和生活中,我们无时无刻不在接触着这类数据。如果你是一个股民,某只股票的股价是一类时序数据,记录着每个时间点该股票的股价;如果你是一个运维人员,监控数据是一类时序数据,记录着每个时间点上 CPU、内存和网络的实际消耗值。

时序数据在时间维度上将孤立的观测值连成一条线,从而揭示软硬件系统的状态变化。孤立的观测值不能称为时序数据,但如果把大量的观测值用时间线串起来,则可以研究和分析观测值的趋势及规律。接下来,我们深入了解时序数据以及时序数据库的设计原理及应用。

7.2.1　时序数据

时序数据是在不同时间上收集的数据,用于描述现象随时间变化的情况。这类数据反映了某一事物、现象等随时间的变化状态或程度。时序数据是一种重要的结构化数据形式,在多个时间点观察或测量的任何事物都可以形成一段时间序列。在物联网领域,设备在不同时间点采集的状态数据,是典型的时序数据。如果将时间坐标中的这些物联网数据连成线,可以做成多纬度报表,揭示设备运行趋势、规律和异常,对物联网设备进行大数据分析和机器学习,实现设备预测和预警。

时序数据模型按照数据组织形式可以分为单值模型和多值模型两种。单值模型一条监测记录只对应一个监测指标的数据,每行数据为一条监测记录,每条监测记录只能反映一个监测指标的信息。多值模型一条监测记录可以对应多个监测指标的数据,每行数据为一条监测记录,每条监测记录可以反映不同监测指标的信息。

图 7-2 所示是一段关于网络监控的时序数据,记录了一段时间内某个集群里各机器上各端口的出入流量,每半小时记录一次监测值。这组数据同一个 host、同一个 port,每半小时产生一个 point,随着时间的增长,field(average bytes_in、average bytes_out)不断变化。例如 host:host4,port:51514,timestamp 从 02:00 到 02:30 的时间段内,average bytes_in 从 37.937 上涨到 38.089,average bytes_out 从 2 897.26 上涨到 3 009.86,说明这一段时间内该端口服务压力升高。

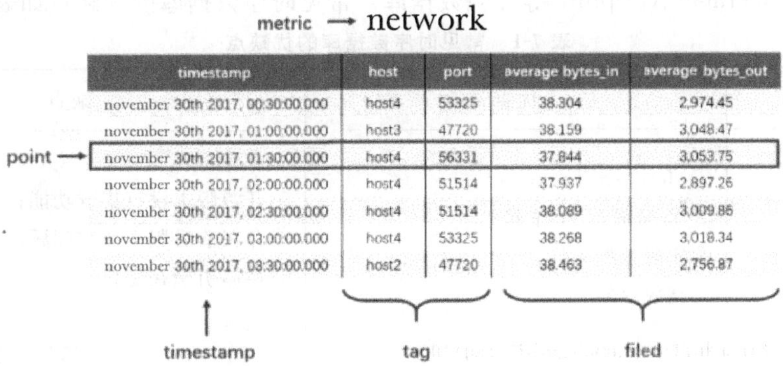

timestamp	host	port	average bytes_in	average bytes_out
november 30th 2017, 00:30:00.000	host4	53325	38.304	2,974.45
november 30th 2017, 01:00:00.000	host3	47720	38.159	3,048.47
november 30th 2017, 01:30:00.000	host4	56331	37.844	3,053.75
november 30th 2017, 02:00:00.000	host4	51514	37.937	2,897.26
november 30th 2017, 02:30:00.000	host4	51514	38.089	3,009.86
november 30th 2017, 03:00:00.000	host4	53325	38.268	3,018.34
november 30th 2017, 03:30:00.000	host2	47720	38.463	2,756.87

图 7-2　网络监控的时序数据

时序数据描述由 metric(数据集)、point(数据点)、timestamp(时间戳)、tag(维度列)、field(指标列)等组成。

(1) metric:度量的数据集,类似于关系数据库中的 table。

(2) point:一个数据点,类似于关系数据库中的 row。

(3) timestamp:时间戳,表征采集到数据的时间点。

(4) tag:维度列,代表数据属性,即设备身份或模块身份,一般不随时间变化而变化,主要用于查询。

(5) field:指标列,代表数据的测量值,随时间平滑波动。

从图 7-2 中的数据变化可以看出,时序数据随时间增长,相同维度重复取值,指标平滑变化。写入操作时,持续高并发,几乎没有更新操作。查询时,按不同维度对指标进行统计分析,且存在明显的冷热数据,一般只会频繁查询近期数据。

7.2.2　时序数据库

关系数据库可以存储时序数据,但由于缺乏针对时间的特殊优化,如按时间间隔存储和检索数据等,因此处理数据的效率不高。第一代时序数据源于监控领域,直接基于平板文件的简单存储工具成为这类数据的首选存储工具。以 RRDtool、Wishper 为代表,通常这类系统处理的数据模型比较单一,单机容量受限,内嵌于监控告警系统中。

随着大数据发展,时序数据量迅速增长,系统业务对于时序数据库的扩展性等方面,提出更多的要求。基于通用存储而专门构建的时序数据库开始出现,它可以按时间间隔高效地存储和处理这些数据。像 OpenTSDB、KairosDB 等,这类时序数据库继承了通用存储优势,利用时序特性在数据模型、聚合分析等方面做了大量创新。例如,OpenTSDB 继承了 HBase 的宽表属性,结合时序设计了偏移量的存储模型,利用 salt 缓解热点问题等。但它有诸多不足,如全局 UID 机制低效、聚合数据的加载不可控、无法处理高基数标签查询等。

目前,随着 Docker、Kubernetes、微服务等技术的发展,以及物联网的快速兴起,时序数据成为增长最快的数据类型之一。高性能、低成本的垂直型时序数据库诞生,其中以 InfluxDB 为代表,这些具有时序特征的数据存储引擎逐步引领市场。它们具有快速的数据处理能力、高效的压缩算法和符合时序特征的存储引擎。例如,InfluxDB 基于时间的 TSMT 存储、Gorilla 压缩、面向时序的窗口计算函数等。目前行业内流行的时序数据库产品除了 InfluxDB 外,还有 OpenTSDB、Prometheus、Graphite 等开源数据库。常见时序数据库的优缺点如表 7-1 所示。

表 7-1 常见时序数据库的优缺点

时序数据库	优点	缺点
InfluxDB	①Metrics＋Tags; ② 部署简单、无依赖; ③实时数据采样; ④高效存储	①开源版本没有集群功能; ②存在前后版本兼容问题; ③存储引擎在变化
OpenTSDB	① Metric＋Tags; ②集群方案成熟(HBase); ③写高效(LSM-tree)	①查询函数有限; ②依赖 HBase; ③运维复杂; ④聚合分析能力较弱
Prometheus	①Metric＋Tags; ②适用于容器监控; ③具有丰富的查询语言; ④维护简单; ⑤具有集成监控和报警功能	①没有集群解决方案; ②聚合分析能力较弱
Graphite	①提供丰富的函数支持; ②支持自动采样; ③对 Grafana 的支持最好; ④维护简单	①Whisper 存储引擎 IOPS 高; ②Carbon 组件 CPU 的使用率高; ③聚合分析能力较弱

续表

时序数据库	优点	缺点
Druid	①支持嵌套数据的列式存储； ②具有强大的多维聚合分析能力； ③实时高性能数据摄取； ④具有分布式容错框架； ⑤支持类 SQL 查询	①一般不能查询原始数据； ②不适合维度基数特别高的场景； ③时间窗口限制了数据完整性； ④运维较复杂
ElasticSearch	①支持嵌套数据的列式存储； ②支持全文检索； ③支持查询原始数据； ④灵活性高； ⑤社区活跃； ⑥扩展丰富	①不支持分析字段的列式存储； ②对硬件资源要求高； ③集群维护较复杂
ClickHouse	①具有强大的多维聚合分析能力； ②实时高性能数据读写； ③支持类 SQL 查询； ④提供丰富的函数支持； ⑤具有分布式容错框架； ⑥支持原始数据查询； ⑦适用于基数大的维度存储分析	①比较年轻，扩张不够丰富，社区不够活跃； ②不支持数据更新和删除； ③集群功能较弱

这些时序数据库与传统数据库在数据写入、读取和存储方面有着明显的区别。例如，数据写入时，时序数据会按照指定的时间粒度持续写入，支持实时、高并发写入，无须更新或删除操作；而数据读取时，写多读少，多时间粒度、指定维度读取，实时聚合；数据存储时，按列存储，通过查询特征发现时序数据更适合将一个指标放在一起存储，任何列都能被作为索引，读取数据时只会读取所需要的维度所在的列；以不同时间粒度存储，将最近时间以一个比较细的粒度存储，可以将历史数据聚合成一个比较粗的粒度。

与传统数据库设计相比，时序数据库设计时主要采用了四种数据优化技术，即 LSM-tree 树形结构、分级存储、内存缓冲和 EC 编码优化等。

1. LSM-tree 树形结构

时序数据库设计时，采用 TSM 存储引擎，基于 LSM-tree（log-strutured merge-tree，日志结构合并树）实现。如图 7-3 所示，LSM-tree 树形结构可以像打印日志一样，以追加方式顺序写入数据，并且不断地将较小的数据块合并成更大的块，将数据批量写入磁盘。

LSM-tree 树形结构是一种分层、有序、面向磁盘的数据结构，它的核心思想是充分利用磁盘批量的顺序写。顺序写性能要比随机写性能高出很多。结合该特性进行优化，以此使写性能达到最优，如普通 log 的写入方式，以 append 模式追加，不存在删除和修改。这种结构以牺牲部分读取性能为代价，大大提升了数据写入能力，因此这种结构通常适合用于写多读少的应用场景。

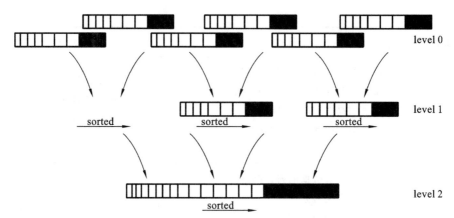

Compaction continues creating fewer, larger and larger files

图 7-3　LSM-tree 树形结构

2．分级存储

分级存储是指按某一特征，将数据划分为不同的级别，将不同级别的数据存储在不同成本的介质上。对数据进行分级存储，可以在降低存储成本的同时，保证数据访问的性能（存储介质的读写性能与成本一般成正比）。分级存储是一种平衡策略，分级存储思想广泛体现在计算机的体系结构（寄存器、L1/L2 cache、内存、硬盘）里。

时序数据按什么特征进行分级呢？其实，时序数据的时间戳是一种非常合适的分级依据，越近期的数据查询得越多，是热数据；越早期的数据查询得越少，是冷数据。例如，用户会经常查询一个设备的最新温度，或者查看这个设备最近一小时、最近一天的温度曲线，很难想象用户会经常查询一个设备一年前的温度。这些一年前的数据会用于大数据分析或者机器学习中，但这种数据批处理方式对查询延时不会像交互式场景那么敏感。

一般时序数据分为三级，如图 7-4 所示。第一级是最近一天的数据，它保存在内存缓存（cache）中；第二级是最近一年的数据，它存储在固态硬盘（SSD）中；第三级是一年以上的数据，它存储在机械硬盘（HDD）中。cache 数据可以使用写回（write back），或者写通（write through）策略写入 SSD，而 SSD 数据可以通过后台程序定期批量地迁移到 HDD 中。为了保证数据的持久性，一般会为数据保存两个或者三个副本，通过 EC 编码（erasure coding 纠删码）将副本数降低到 1.5 个甚至更少，但不影响数据的持久性。不过，EC 编码会消耗更多的 CPU 和网络带宽，进而影响查询性能，因此一般只应用在存储冷数据的 HDD 中。

3．内存缓存

时序数据库最近一天的数据，会被保存在内存中，以保证快速读取数据。虽然内存访问速度很快，但成本较高，且容量有限。一方面需要对数据进行压缩，以减少数据对内存的消耗。另一方面，内存数据是易失的、非持久化的，一旦重启进程或者重启机器后就会丢失。如果不恢复数据，所有请求将分配到下一级存储上，对下一级存储造成巨大的压力。因此，时序数据一般会在写入内存时，也写入本地硬盘，以保证机器重启后可以重新加载到内存中。例如，内存型时序数据库 Beringei 采用了三级数据存储结构，如图 7-5 所示。其中第一级是分片索引，第二级是时间序列索引，第三级是时序数据，通过这种数据结构可以支持数据的快速读写。

用户有时关注时序数据在过去一周、过去一个月或过去一年的趋势，把最近一年的数据存

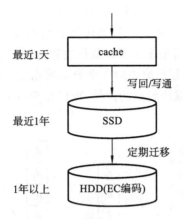

图 7-4　时序数据的分级存储

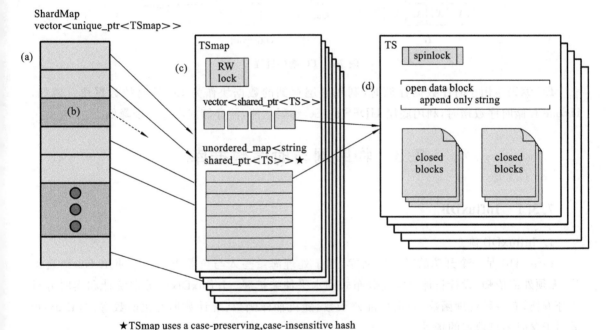

★TSmap uses a case-preserving,case-insensitive hash

图 7-5　Beringei 的内存数据结构

储在 SSD 上,可以实现秒级甚至亚秒级读取过去一年的数据。而一年以上的时序数据很少用于交互式查询,这些数据常用于大数据分析或者机器学习中,这些批处理场景对查询的延时不会像交互式场景那么敏感,所以把这些一年以上的数据存储在 HDD 上。HDD 适用于数据并发量低、顺序读取的应用场景;而 SSD 适用于数据并发量高、低延时的交互式查询场景。

　　4. EC 编码优化

　　为了保证时序数据的可靠性、可用性和持久性,一般保存多个副本,这样当机器宕机、硬盘出现故障时,也能保证数据的正常访问,但增加了存储的成本。通过 EC 编码,存储成本可下降三分之一,同时不会降低数据的可用性和持久性。

　　EC 编码是一种数据保护技术,最早应用于通信传输,也用于 RAID-5 和 RAID-6 存储阵列。EC 编码通过算法对原始数据块进行编码,生成数据校验块,并将原始数据块和数据校验块都存储起来。当原始数据块丢失时,通过其他原始数据块以及数据校验块能重新计算出丢失的原始数据块;当数据校验块丢失时,重新计算即可得到数据校验块。这样就能对丢失的数据进行恢复,从而达到容错的目的。对于 k 个原始数据块和 m 个数据校验块,算法能保证在丢失任意 m 个块后,都可以通过算法恢复出原来的 k 个原始数据块。EC 编码过程如图 7-6 所示。一个生成矩阵 $\boldsymbol{G}^{\mathrm{T}}$ 乘以 k 个原始数据块组成的向量,可以得到由 k 个原始数据块和 m 个数据校验块组成的向量。

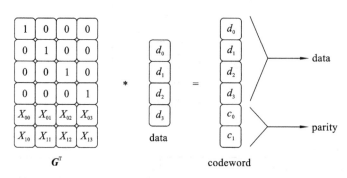

图 7-6　EC 编码过程

EC 编码应用于时序数据存储时,利用底层存储的数据块作为 EC 编码的数据块。例如,HBase 存储时序数据时,利用底层 HDFS 的 EC 编码功能,使存储成本进一步降低。

7.3　物联网与时序数据库

7.3.1　InfluxDB

1. InfluxDB 简介

InfluxDB 是一个开源的时序数据库,用于处理海量写入与负载查询。它使用 Go 语言编写,无须外部依赖,设计目标是实现分布式和水平伸缩扩展。InfluxDB 的数据统计和实时分析十分方便,有各种处理函数,如求标准差函数、随机抽样函数、统计数据变化函数等。InfluxDB 适用于含时间戳数据的场景。

InfluxDB 可以设置 metric 的保存时间,支持通过条件过滤以及正则表达式删除数据。InfluxDB 支持类似 SQL 的语法,可以设置数据在集群中的副本数。InfluxDB 支持定期采样数据,写入另外的 measurement,方便分粒度存储数据。InfluxDB 安装和配置非常方便,适合用于构建大型分布式系统的监控系统。

2. InfluxDB 重要概念

InfluxDB 有一些重要概念,如 database、measurement、timestamp、tag key、tag value、tag set、field key、field value、field set、retention policy、series、point 等。

（1）database:数据库。它与传统数据库的概念相似。

（2）measurement:数据表。InfluxDB 中 measurement 的作用与传统数据库中 table 的作用一致。

（3）timestamp:时间戳。时间戳是时序数据库 InfluxDB 中最重要的部分,在插入数据时,时间戳可以由 InfluxDB 自己指定或者让系统指定。

（4）tag：标签。在 InfluxDB 中，tag 是一个非常重要的部分，表名＋tag 一起作为数据库的索引，是“key-value”的形式。

（5）field：数据。field 主要是用来存放数据的部分，也是“key-value”的形式。

（6）retention policy：数据保留策略。它可以定义数据保留的时长，每个时序数据库可以有多个数据保留策略，但只能有一个默认策略。

（7）series：序列。所有在时序数据库中的数据，都需要通过图表来展示，而这个 series 表示这个表里面的数据，可以在图表上画成几条线。

（8）point：点。每个表里某时刻、某个条件下的一个 field 的数据，体现在图表上就是一个点，于是将它称为 point。

3．InfluxDB 基本操作

InfluxDB 提供三种操作方式：客户端命令行方式、HTTP API 方式、各种语言 API 库方式。无论是哪种操作方式，都主要完成数据的写入和查询功能，基本操作如下。

（1）建立数据库。

```
curl-POST http://localhost:8086/query--data-urlencode "q=CREATE DATABASE
mydb"
```

执行该语句，会在本地建立一个名为 mydb 的数据库。

（2）删除数据库。

```
curl-POST http://localhost:8086/query--data-urlencode "q=DROP DATABASE
mydb"
```

使用 HTTP API，向 InfluxDB 接口发送相应的 POST 请求。

（3）通过 HTTP API 添加数据。

InfluxDB 通过 HTTP API 添加数据，采用的主要格式如下。

```
curl-i-XPOST 'http://localhost:8086/write? db=mydb'--data-binary
'cpu_load_short,host=server01,region=us-west value=0.64 1434055562000
000000'
```

注意：“db＝mydb”是指使用的数据库是 mydb 数据库，“--data-binary”是插入的数据，“cpu_load_short”是表名（measurement），tag 字段是“host”和“region”，值分别为“server01”和“us-west”；field key 字段是“value”，值为“0.64”；时间戳（timestamp）指定为“1434055562000000000”。

这样就向 mydb 数据库的 cpu_load_short 表中插入了一条数据。

其中，“db”参数须指定一个已经存在的数据库名，数据体的格式遵从 InfluxDB 规定格式，首先是表名，后面是 tags，然后是 field，最后是时间戳。tags、field 和时间戳三者之间以空格相分隔。

（4）通过 HTTP API 添加多条数据。

InfluxDB 通过 HTTP API 添加多条数据与添加单条数据相似，示例如下。

```
curl-i-XPOST 'http://localhost:8086/write? db=mydb'--data-binary
'cpu_load_short,host=server02 value=0.67
cpu_load_short,host=server02,region=us-west value=0.55 1422568543702900257
```

```
cpu_load_short,direction=in,host=server01,region=us-west value=2.0
1422568543702900257'
```

这条语句向数据库 mydb 的表 cpu_load_short 中插入了三条数据。第一条指定 tag 为 "host",值为 "server02";第二条指定 tag 为 "host" 和 "region",值分别为 "server02" 和 "us-west",第三条指定 tag 为 "direction""host""region",值分别为 "in""server01""us-west"。

(5) 使用 HTTP API 查询的方法。

使用 HTTP API 在 InfluxDB 中进行查询,主要发送 GET 请求到 InfluxDB 的/query 端,示例如下所示。

```
curl-GET 'http://localhost:8086/query? pretty=true'--data-urlencode "
db=mydb"
    --data-urlencode "q=SELECT value FROM cpu_load_short WHERE region='us-
west'"
```

参数 "db" 指定了需查询的数据库,"q" 代表了需执行的查询语句。

(6) 使用 HTTP API 查询多条数据。

对 InfluxDB 进行多条数据查询时,HTTP API 提供的多条数据查询格式如下所示:

```
curl-G 'http://localhost:8086/query? pretty=true'--data-urlencode "db=
mydb"
    --data-urlencode "q=SELECT value FROM cpu_load_short WHERE region='us-
west';
    SELECT count(value)FROM cpu_load_short WHERE region='us-west'"
```

格式与单条查询数据相同,只是在多条语句之间要用分号 ";" 分隔。返回值也是包含结果的 JSON 串。

4. InfluxDB 功能函数

InfluxDB 函数分为聚合函数、选择函数、转换函数、预测函数等。除了与普通数据库一样提供一些基本操作函数外,InfluxDB 还提供一些特色函数以方便数据统计。

聚合函数:FILL()、INTEGRAL()、SPREAD()、STDDEV()、MEAN()、MEDIAN()等。

选择函数:SAMPLE()、PERCENTILE()、FIRST()、LAST()、TOP()、BOTTOM()等。

转换函数:DERIVATIVE()、DIFFERENCE()等。

预测函数:HOLT_WINTERS()。

7.3.2 快速搭建物联网云平台

在物联网系统中,数据采集具有种类多、数量大、频率高等特点,对消息代理服务器的吞吐量和数据库的存储压力等提出更高的要求。这些时序数据周期性上报和存储,因此时序数据库需要具有更高的数据容纳率、更快的大规模查询效率,以及更好的数据压缩率等。时序数据存入时序数据库后,需要将数据按规则统计和展示,实现数据监控、指标统计等功能,便于深度分析数据价值。

目前,物联网系统设计时,结合消息中间件、时序数据库和数据可视化产品,快速打造物联网平台服务层,实现物联网的数据采集、联网接入、消息存储和数据可视化等功能。如图 7-7 所示,结合 EMQTT 消息中间件、InfluxDB 时序数据库、Grafana 可视化工具等,设计一套物联网系统。

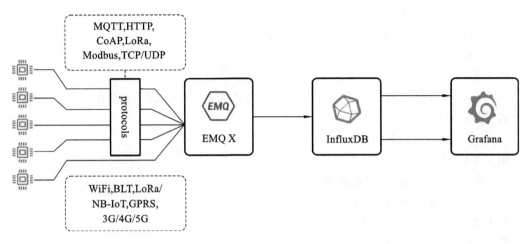

图 7-7　物联网平台服务层

1. 需求分析

物联网设备每五秒钟上报一次采集的数据，时序数据库存储每一条数据；通过可视化平台，查看任意时间点温湿度的最大值、最小值，以及区间内的平均值。每个设备有唯一设备编号（即 client ID），所有设备通过 MQTT 协议向 MQTT 消息代理服务器发布数据，其中消息主题是 devices/{client_id}/messages，传感器采集温湿度数据采用 JSON 数据格式，如 {"temperature":30,"humidity":20}。

2. 技术准备

消息中间件采用 EMQ TT，它基于高并发的 Erlang/OTP 语言平台开发，支持百万级连接和分布式集群架构，发布订阅模式的开源 MQTT 消息代理服务器。EMQ X 内置一些开箱即用的功能，企业版 EMQ X Enterprise 支持规则引擎、消息持久化插件等，支持设备消息高性能地存储到 InfluxDB，开源用户需自行处理消息存储环节。

时序数据库采用 InfluxDB。InfluxDB 是一个开源时序数据库，由 Go 语言写成，着力于高性能地查询与存储时序数据。InfluxDB 部署简单、使用方便，在技术实现上充分利用 Go 语言特性，无须任何外部依赖即可独立部署。InfluxDB 提供类似于 SQL 的查询语言，接口友好，使用方便。InfluxDB 专注于海量时序数据的高性能读、高性能写、高效存储与实时分析等，在 DB-Engines Ranking 时序数据库排行榜上排名第一，广泛应用于 DevOps 监控、物联网监控、实时分析等场景。

数据可视化采用 Grafana。Grafana 是一个跨平台、开源的度量分析和可视化工具。Grafana 的特点是：可以快速、灵活地创建客户端图表，面板插件有许多不同方式的可视化指标和日志，官方库中具有丰富的仪表盘插件，支持热图、折线图、图表等多种展示方式；支持 Graphite、InfluxDB、OpenTSDB、Prometheus、Elasticsearch、CloudWatch 和 KairosDB 等数据源，支持数据项独立或混合查询展示，可以创建自定义告警规则。

3. EMQTT 部署及配置

访问 EMQ 官网，下载适合操作系统的安装包。因为企业版 EMQ 支持数据持久化，可以采用 EMQ TT 企业版 v3.4.4。下载 zip 包的启动步骤如下。

第 1 步：

    ## 解压下载好的安装包

    unzip emqx-ee-macosx-v3.4.4.zip

    cd emqx

第 2 步：

    ## 将 license 文件复制到 EMQ X 指定目录 etc/,license 需自行申请试用或通过购买授权获取

    cp../emqx.lic./etc

第 3 步：

    ## 以 console 模式启动 EMQ X

    ./bin/emqx console

接下来完成 EMQTT 配置。

第 4 步：

license 文件,EMQ X 企业版 license 文件,使用可用 license 覆盖：

    etc/emqx.lic

第 5 步：

EMQ X InfluxDB 消息存储插件配置文件,用于配置 InfluxDB 连接信息、选取入库主题：

    etc/plugins/emqx_backend_InfluxDB.conf

根据部署实际情况填写插件配置信息如下：

    backend.InfluxDB.pool1.server=127.0.0.1:8082(服务器 IP 和端口)

    backend.InfluxDB.pool1.pool_size=5

    ## Whether or not set timestamp when encoding InfluxDB line

        backend.InfluxDB.pool1.set_timestamp=true

    ## Store Publish Message

    ## 由于业务仅需 devices/{client_id}/messages 主题,此处修改默认配置的主题过滤器

    backend.InfluxDB.hook.message.publish.1={"topic":"devices/+ /messages","action":{"function":"on_message_publish"},"pool":"pool1"}

第 6 步：

EMQ X InfluxDB 消息存储插件消息模板文件,用于定义消息解析入库模板：

    ## 模板文件：

    data/templates/emqx_backend_InfluxDB_example.tmpl

    ## 重命名修改为：

    data/templates/emqx_backend_InfluxDB.tmpl

由于 MQTT message 无法直接写入 InfluxDB,EMQ X 提供 emqx_backend _InfluxDB.tmpl 模板文件,将 MQTT message 转换为可写入 InfluxDB 的 DataPoint：

    {

      "devices/+/messages":{

        "measurement":"devices",

```
    "tags":{
      "client_id":"$ client_id"
    },
    "fields":{
      "temperature":["$ payload","temperature"],
      "humidity":["$ payload","humidity"]
    },
    "timestamp":"$ timestamp"
  }
}
```

4. InfluxDB 部署及配置

通过 Docker 进行安装，映射数据文件夹与 8082 udp 端口、8086 端口（Grafana 使用）；EMQTT 支持 InfluxDB UDP 通道，需要 influx_udp 插件的支持，数据库名称指定为"db"。

第 1 步：

```
git clone https://github.com/palkan/influx_udp.git
## 使用 influx_udp 插件
```

第 2 步：

```
cd influx_udp
## 进入插件目录
```

第 3 步：

```
docker run--name=InfluxDB--rm-d-p 8086:8086-p 8089:8089/udp \
    -v $ {PWD}/files/InfluxDB.conf:/etc/InfluxDB/InfluxDB.conf \
   -e InfluxDB_DB=db \
   InfluxDB:latest
## 通过插件配置创建并启动容器
```

第 4 步：

```
docker ps-a
## 启动后检查容器运行状态
```

重启 EMQ TT，并启动插件以应用以上配置。

第 5 步：

```
./bin/emqx stop
```

第 6 步：

```
./bin/emqx start
## 或使用 console 模式可以看到更多信息
```

第 7 步：

```
./bin/emqx console
## 启动插件
```

第 8 步：

```
./bin/emqx_ctl plugins load emqx_backend_InfluxDB
```

＃＃ 启动成功后会有以下提示：Plugin emqx＿backend＿InfluxDB loaded successfully.

5. Grafana 部署及配置

通过 Docker 安装启动 Grafana：docker run-d--name＝grafana-p 3000：3000 grafana/grafana。启动成功后，通过浏览器访问 http://127.0.0.1：3000，访问 Grafana 可视化面板，使用 admin 默认用户名和密码，完成初次登录；登录后按照提示，修改密码，使用新密码登录进入主界面，如图 7-8 所示。

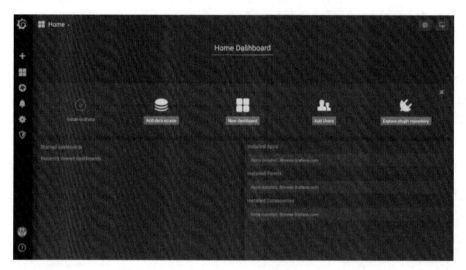

图 7-8　Grafana 可视化面板

6. 数据模拟写入

进行可视化配置之前，模拟数据写入，方便配置过程中进行效果预览。假设模拟一百个设备，在十二个小时内、每五秒钟上报一条模拟温湿度数据，并发送到 EMQTT。这里采用 MQTT 客户端（Node.js 版）模拟传感器的数据发布，数据将写入 InfluxDB db 数据库中。

7. InfluxDB 数据查看

通过以下命令，进入 InfluxDB 容器并查看数据。

第 1 步：

```
docker exec-it InfluxDB bash
＃＃ 进入 docker 容器
```

第 2 步：

```
root@ 581bde65650d：/＃ influx
＃＃ 进入 InfluxDB 命令行
```

第 3 步：

```
use db；
＃＃ 切换到 db 数据库
```

第 4 步：

```
select * from devices limit 1；
＃＃ 查询数据
```

```
name:devices
time                     client_id      humidity temperature
----                     ---------      ------------------
-------
1574578725608000000 mock_client_1  54.33     98.5
```

查询结果

8. 可视化配置

模拟数据写入 InfluxDB 后,按照 Grafana 可视化界面的操作指引,完成业务所需数据的可视化配置。

1) 添加数据源(add data source)

添加数据源,即显示的数据源信息。选取 InfluxDB 类型数据源,输入连接参数进行配置,默认情况下,关键配置信息如下。

URL:填写 InfluxDB 链接地址,此处可以输入当前服务器内网/局域网的地址而非 127.0.0.1 或 localhost。

Auth:InfluxDB 默认启动无认证方式,根据实际情况填写。

Database:填写"db","db"为 EMQ X 默认写入数据库名。

2) 添加仪表盘

仪表盘为多个可视化面板的集合,点击"New Dashboard"后,选择"Add Query",通过查询来添加数据面板,如图 7-9 所示。创建面板需要四个步骤,分别是"Queries"(查询)、"Visualization"(可视化)、"General"(图表配置)、"Alert"(告警)。

图 7-9　Grafana 可视化配置

9. Grafana 查询操作

Grafana 可视化查询如图 7-10 所示。

使用 Grafana 查询出所有设备的平均值,操作如下。

FROM:选取数据的 measurement,按照 emqx_backend_InfluxDB.tmpl 文件配置,此处 measurement 为 devices。

SELECT:选取、计算的字段,此处两个查询需要使用 aggregation 功能处理,分别选择 temperature mean 和 humidity mean,查询并计算温度、湿度字段的平均值。

GROUP BY:默认使用时间区间聚合。time($ __interval)函数表示取 $ __interval 时间区间内的数据,如 time(5s)表示从每 5 s 时间区间原始数据内取出值来进行计算;fill 参数表示没有值时候的默认值,为 null 的时候该数据点不会在图表中显示出来;tag 可选,按照指定 tag 进行显示。

图 7-10　Grafana 可视化查询

ALIAS BY:该查询的别名,方便可视化查看。

Grafana 的 Visualization 默认不做更改,在 General 页面修改面板名称为 device temperature and humidity mean value,如果需要对业务进行监控告警,则可以在 Alert 页面编排告警规则。完成创建后,点击左上角返回按钮,该 Dashboard 中成功添加一个数据面板。点击顶部导航栏保存图标,输入 Dashboard 名称,完成 Dashboard 的创建。

至此,一个具有通信、存储和可视化功能的物联网云平台搭建完成。设备可以通过消息中间件实现数据传输,基于时序数据库实现数据存储,基于 Grafana 实现数据查询和可视化。当然,一个完整的物联网系统,还需要具备用户管理、设备管理、权限管理、数据分析等其他功能。

第8章
大数据分析与处理

日本一家建筑机械制造商小松,在物联网的基础上,结合大数据分析技术,取得了很好的应用效果。小松开发了一套 KOMTRAX 物联网系统,该物联网系统能够对建筑机械的工作状况进行远程监控。KOMTRAX 物联网系统通过安装在建筑机械上的 GPS 和各种传感器,对机械当前所处位置、工作时间、工作状况、燃油余量、耗材更换时间等数据进行收集,并使用卫星通信或移动通信等方式,将数据发送到小松服务器。位于世界各地的经销商和客户,可以访问小松服务器,对自己所在区域的数据进行管理和查询。

如果了解建筑机械的工作时间,则可以预测易损、易耗部件,从而提高维护的效率。如果了解燃油的使用量,则可以对燃油用量不同的客户,进行差异化分析,掌握驾驶方法上的区别,从而对燃油用量过大的客户提出合理的建议。这样不仅能够帮助客户削减维护费和燃油费,而且可以为小松及其代理商带来好处。例如,客户合理使用建筑机械并使其保值,不仅可以在二手机械市场中卖个好价钱,而且有助于保持小松的品牌形象。

今后,类似小松这样的案例会越来越多,企业谋求商业价值的空间也越来越大。各种设备或传感器数据汇聚后,通过分析数据趋势,寻找数据规律,探索未知模式,挖掘内在价值等,让数据成为行业应用的核心竞争力。这些物联网数据不仅可以优化过程控制,而且可以揭示客观规律,并通过不同的方式呈现和得到应用。

物联网系统生成数据,大数据技术负责处理和分析数据,数据让两者紧密地联系在一起。因此,我们对物联网技术的应用研究与实施,离不开大数据技术和工具。

8.1 传统数据分析

8.1.1 传统数据分析概述

数据分析是指通过数据寻找生产、生活规律,通过改变其中的关键点(变量),提升生产、生活的效率与质量,如图 8-1 所示。基于各种统计分析方法,我们对大量杂乱无章的数据进行分析、理解和消化,最大限度地挖掘有效数据,提炼有用信息,总结内在规律,发挥数据的作用。

图 8-1 数据分析

数据分析需要完整地、正确地反映客观情况,技术人员必须在实事求是原则的指导下,经过对大量丰富的统计资料和数据进行加工和分析研究,才能做出科学判断,并编写成数据分析报告。这相比一般的报表数据能更集中、更系统、更全面地反映客观实际,也便于人们阅读、理解、掌握和利用。

数据分析利用丰富的数据资料,开展分析研究,透过事物表面现象深入事物的内在本质,由感性认识阶段上升到理性认识阶段,实现认识的飞跃,从而揭示事物的现状及其内在联系和发展规律。数据分析工作有利于数据资料的深度开发利用。例如,企业进行数据分析,可以给企业带来更多的商业价值,帮助企业规避或者减少风险带来的损失,提高数据质量,为企业解决问题。

数据处理是一个复杂的过程,数据收集、数据筛选和数据分析都有可能产生错误。每一个环节都需要相关的技术人员通过一定的合理性分析,找出质量不高的数据,或者进行错误数据的判定。它要求数据分析人员不仅需要有数据分析基础知识,还需要达到一定的经济理论和政策水平;不仅需要了解数据分析的方法,还需要了解数据分析的来龙去脉;不仅需要有一定的文化水平和分析归纳能力,还需要具有一定的写作能力和技巧。

8.1.2 数据分析方法

数据分析方法分为描述性数据分析、验证性因子分析、探索性数据分析等。

1. 描述性数据分析

描述性数据分析是指采用统计特征、统计表、统计图等方法,对资料的数量特征和分布规律进行测定和描述。随机变量根据分布状况可以分为离散型随机变量和连续型随机变量。描述性数据分析是社会调查统计分析的第一个步骤,对调查所得的大量数据资料进行初步的整理和归纳,以找出这些资料的内在规律——集中趋势和分散趋势。描述性数据分析借助各种数据表示的统计量,如均数、百分比等,进行单因素分析。当然,仅靠百分比或平均差,不能完全反映客观事物的本质,对一个样本进行分析也是不够的。这个样本能够反映总体的特征,还需要进行推断性分析。

2. 验证性因子分析

验证性因子分析侧重于对已有的假设或模型进行验证。验证性因子分析是对社会调查数据进行的一种统计分析。它测试一个因子与相对应的测度项之间的关系是否符合研究者所设计的理论关系。验证性因子分析往往通过结构方程建模来测试。在实际科研中,验证性因子分析的过程也是测度模型的检验过程。例如,研究者对顾客的忠诚度感兴趣,顾客的忠诚度用购买频率、主观评估、消费比例等多个指标来衡量。这个理论变量是因子,这些个别问题是测度项。

3. 探索性数据分析

探索性数据分析是指通过制图、制表、方程拟合、计算特征量等方式探索已有数据的结构和规律的一种数据分析方法。该方法在 20 世纪 70 年代由美国统计学家 J. W. Tukey 提出。传统的统计分析方法,先假设数据符合一种统计模型,然后根据数据样本来估计模型的一些参数和统计量,以此了解数据的特征,但实际中往往有很多数据并不符合假设的统计模型分布,这导致数据分析结果不理想。探索性数据分析是一种更加贴合实际情况的数据分析方法,它强调让数据自身"说话",通过这种方式,我们可以真实、直接地观察到数据的结构和特征。

8.1.3 数据分析流程

一般来说,传统数据分析可以归纳为六步,分别是明确目的和思路、数据收集、数据处理、数据分析、数据展现和报告撰写。

1. 明确目的和思路

明确目的和思路是指梳理分析思路,并搭建分析框架,把分析目的分解成若干个不同的分析要点,即如何具体开展数据分析,需要从哪几个角度进行分析,采用哪些分析指标(各类分析指标需合理搭配使用),同时确保分析框架的体系化和逻辑性。

2．数据收集

一般数据来源途径有四种：数据库、第三方数据统计工具、专业的调研机构的统计年鉴或报告（如艾瑞资讯）、市场调查。对于数据的收集，需要预先做埋点，在发布前一定要经过谨慎的校验和测试，因为一旦版本发布出去而数据采集出了问题，就获取不到所需要的数据，影响分析。

3．数据处理

数据处理主要包括数据清洗、数据转化、数据提取、数据计算等处理方法，旨在将各种原始数据加工成为产品经理需要的直观的可看数据。

4．数据分析

数据分析是指用适当的分析方法和工具，对处理过的数据进行分析，提取有价值的信息，形成有效结论的过程。掌握常用的数据分析工具，熟悉 Excel 的数据透视表，能解决大多数的问题。如果有必要，则可以有针对性地学习 SPSS、SAS 等。数据挖掘是一种高级的数据分析方法，侧重解决四类数据分析问题——分类、聚类、关联和预测，重点在于寻找模式与规律。

5．数据展现

在一般情况下，数据是通过表格和图形的方式来呈现的。常用的数据图表包括饼图、柱形图、条形图、折线图、气泡图、散点图、雷达图等，如图 8-2 所示。图表制作的步骤包括确定主题、确定图表、制作图表、检查数据、表达观点等。

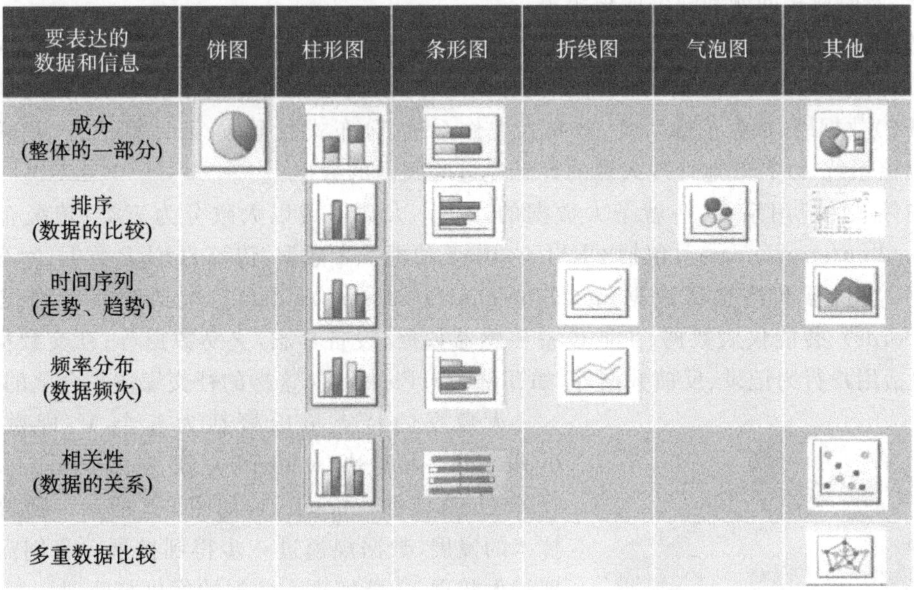

要表达的数据和信息	饼图	柱形图	条形图	折线图	气泡图	其他
成分（整体的一部分）	饼图	柱形图	条形图			图
排序（数据的比较）		柱形图	条形图		气泡图	图
时间序列（走势、趋势）		柱形图		折线图		图
频率分布（数据频次）		柱形图	条形图	折线图		
相关性（数据的关系）		柱形图	条形图			散点图
多重数据比较						雷达图

图 8-2　数据图表

6．报告撰写

数据分析报告需要一个好的分析框架，并且图文并茂、层次明晰，能够让阅读者一目了然。结构清晰、主次分明，可以使阅读者正确理解报告的内容；图文并茂，可以令数据更加生动，提高视觉冲击力，有助于阅读者形象、直观地看清问题和结论，从而产生思考。优秀的数据分析报告需要有明确的结论、建议或解决方案。

8.2　大数据分析

维克托·迈尔-舍恩伯格在《大数据时代：生活、工作与思维的大变革》中指出，大数据带来的信息风暴正在变革我们的生活、工作和思维，大数据开启了一次重大的时代转型。

8.2.1　大数据概述

大数据是指无法在一定时间范围内，用常规软件工具进行捕捉、管理和处理的数据集合。对于高增长率、多样性的海量数据，技术人员需要采取新的数据处理模式，才能具有更强的决策力、洞察力和流程优化能力。大数据的意义在于，对规模巨大的数据进行分析，挖掘数据的有利信息，并加以有效利用，将数据的深层价值体现出来。通过大数据分析，将规模巨大的数据有条不紊地正确分类，产生有价值的分析报告，从而应用到各领域，促进生产和生活的发展。

大数据可以分析过去，提醒现在，展望未来。它的应用很广泛，在商业领域，利用大数据可以实现精准营销，进行趋势预测，实现商业利益的最优化与最大化；利用大数据，可以针对大量消费者的消费习惯，精准提供产品服务。在政府部门，通过结合大数据和高性能的分析，可以使工作更高效，同时降低运行成本。例如，利用大数据对成千上万的车辆规划实时交通路线，可以避免拥堵，及时解析问题和缺陷的根源等。

大数据分析与云计算联系紧密。因为实时的大数据分析，需要使用像 MapReduce 一样的框架，用以向数十、数百甚至数千的计算机分配工作；需要使用特殊技术和工具，如大规模并行处理（MPP）数据库、数据挖掘系统、分布式文件系统、分布式数据库、云计算平台、互联网和可扩展的存储系统，以有效地处理大量的容忍经过时间内的数据。

不同领域的应用系统，造就了大数据的产生。大数据可以大致分为三类：传统企业数据（traditional enterprise data），包括 CRM systems 的消费者数据、传统的 ERP 数据、库存数据和账目数据等；机器和传感器数据（machine-generated/sensor data），包括呼叫详细记录（call detail records）、智能仪表数据、工业设备传感器数据、设备日志，交易数据等；社交数据（social data），包括用户行为记录、反馈数据等，如 Twitter、Facebook 这样的社交媒体平台上的数据。

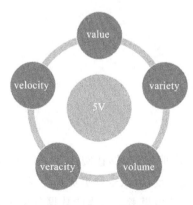

图 8-3　大数据的特点

大数据的特点可以概括为五个 V，即数据量大（volume）、速度快（velocity）、类型多（variety）、价值（value）、真实性（veracity），如图 8-3 所示。随着大数据技术的发展，数据规模进一步得到扩展。我们需要深入理解大数据，才能实现大数据的优化与处理。

大数据的信息量大，是因为数据采集、存储和计算的量都非常大，如各种传感器、社交平台等生产的数据都是海量的。数据种类和数据来源多样化，具体表现为：数据可分为结构化数据、半结构化数据和非结构化数据，数据可来自网络日志、音频、视频、图片、地理位置信息等。各种类型的数据对处理能力提出了更高的要求。数据价值密度相对较低，或者说是浪里淘沙而又弥足珍贵。随着互联网和物联网的广泛应用，信息感知无处不在，信息海量，但价值密度较低，如何结合业务逻辑并通过强大的机器算法来挖掘数据的价值,是大数据时代需要解决的问题。数据增长速度快,处理速度也快,时效性要求高。例如,搜索引擎要求几分钟前的新闻能够被用户查询到,个性化推荐算法尽可能要求实时完成推荐。这是大数据挖掘区别于传统数据挖掘的显著特征。另外,数据准确性和可信赖度低,即数据质量低,很难区分真假数据,也是当前大数据技术需要重点解决的问题之一。

大数据技术的战略意义不在于掌握庞大的数据信息,而在于对这些有意义的数据进行专业化处理。换而言之,如果把大数据比作一种产业,那么这种产业实现盈利的关键在于提高对数据的“加工能力”,通过“加工”数据实现数据的“增值”。

8.2.2 常见的大数据分析应用

将大数据用于解决实际问题一直在探索中。互联网常见的大数据分析业务有行为事件分析、漏斗分析、留存分析、分布分析、点击分析、用户行为路径分析、用户分群分析、属性分析等。

1. 行为事件分析

行为事件分析法用于研究某行为事件的发生对企业组织价值的影响及其程度。企业借此来追踪或记录用户行为或业务过程,如用户注册、浏览产品详情页、成功投资、提现等,通过研究与事件发生关联的所有因素来挖掘用户行为事件背后的原因、交互影响等。行为事件分析法具有强大的筛选、分组和聚合能力,逻辑清晰且使用简单,应用广泛。行为事件分析法一般包括事件定义与选择、下钻分析、解释与结论等环节。

2. 漏斗分析

漏斗分析是一套流程分析,它能够科学地反映用户的行为状态,以及从起点到终点各阶段用户的转化率情况。漏斗分析已经广泛应用于流量监控、产品目标转化等日常数据运营工作中。例如,在一款产品的服务平台上,一般的用户购物路径为激活 APP、注册账号、进入直播间、互动、送礼物,漏斗能够展现出各个阶段的转化率,通过漏斗分析各环节相关数据的比较,能够直观地发现和说明问题所在,从而找到优化方向。对于业务流程相对规范、周期较长、环节较多的流程,采用漏斗分析法能够直观地发现问题。

3. 留存分析

留存分析模型是一种用于分析用户参与情况/活跃程度的分析模型,考量进行初始行为的用户中,有多少会进行后续行为,可以用于衡量产品价值。留存分析可以帮助了解新用户订单的支付进展情况,以及用户注册后的参与度等情况。

4. 分布分析

分布分析模型是用户在特定指标下的频次、总额等的归类展现。它可以展现出单用户对产品的依赖程度,用于分析用户在不同地区、不同时段所购买的不同类型的产品的数量、购买频次等,帮助运营人员了解当前的用户状态,以及用户的运转情况。科学的分布分析模型支持按时间、次数、事件指标进行用户条件筛选及数据统计,为不同角色的人员统计用户在一天/周/月中,有多少个自然时间段(时/天)进行了某项操作、进行某项操作的次数、进行事件指标。例如,反映订单金额(100 元(含)以下区间、100 元至 200 元(含)区间、200 元以上区间等)、购买次数(5 次(含)以下、5 次至 10 次(含)、10 次以上)等用户的分布情况。

5. 点击分析

点击分析具有分析过程高效、灵活、易用、效果直观的特点。点击图是点击分析法的直接呈现。点击分析采用可视化的设计思想与架构,采用简洁直观的操作方式,直观呈现访客热衷的区域,帮助运营人员或管理者评估网页设计的科学性。

6. 用户行为路径分析

用户行为路径是指用户在 APP 或网站中的访问行为路径。为了衡量网站优化的效果或营销推广的效果,以及了解用户的行为偏好,时常要对访问路径的转换数据进行分析。例如,在电商平台上,买家从登录网站/APP 到支付成功要经过首页浏览、搜索商品、加入购物车、提交订单、支付订单等过程。将用户行为路径分析模型与其他分析模型相配合进行深入分析,有利于引领用户走向最优路径或者期望中的路径实现支付。

7. 用户分群分析

用户分群分析,即用户信息标签化,是指通过用户的历史行为路径、行为特征、偏好等属性,将具有相同属性的用户划分为一个群体,并进行后续分析。用户在不同阶段所表现出的行为是不同的。因为群体特征不同,行为会有很大的差别,因此可以根据历史数据将用户进行划分,进而再次观察该群体的具体行为,这是用户分群的原理。

8. 属性分析

属性分析是指结合用户画像,让用户行为洞察粒度更细致。科学的属性分析法,对于数值类型的属性,可以将“总和”“均值”“最大值”“最小值”作为分析指标,可以添加多个维度。例如,根据用户属性,对用户进行分类统计分析,查看用户数量的变化趋势,查看用户的分布情况。

8.2.3 大数据分析模型

大数据分析包括明确所要解决的问题、明确数据对象、准备数据内容、确定数据模型等工作。大数据的处理流程包括数据采集、数据预处理、建立数据模型、展开数据模型评估、进行数据模型训练、实现数据模型处理等步骤。在数据分析过程中,常用的数据挖掘与机器学习模型,包括分类模型、回归模型、聚类模型、预测模型、关联挖掘模型等。它们分别解决不同的任务,采用不同的数据处理方式,并且每种模型中有着众多不同的算法,每种算法都适应不同的场景。

1. 分类模型

在分类模型中,存在一些实例,我们不知道它们所属的离散类别,每个实例是一个特征向量,并且类别空间已知,分类就是将这些未标注类别的实例映射到所属的类别上。分类模型是监督式学习模型,即分类需要使用一些已知类别的样本集去学习一个模式,用学习得到的模型来标注那些未知类别的实例。在构建分类模型的时候,需要用到训练集与测试集。训练集用于对模型的参数进行训练;而测试集用于验证训练出来的模型效果的好坏,即用于评价模型的好坏程度,常用的评价指标有准确率与召回率。针对不同的分类任务、不同的数据以及不同的适应场景,有不同的分类算法。常见的分类工具和方法包括决策树、贝叶斯、k 近邻、支持向量机、基于关联规则、集成学习、人工神经网络。

2. 决策树

决策树是进行分类与预测的常用模型之一,决策树学习方法是对训练集中每个样本的属性构建一棵属性树,按照一定的规则选择不同的属性作为树中的节点来构建属性和类别之间的关系,属性的选择依据包括信息增益、信息增益率以及基尼系数等。它采用自顶而下递归构建属性类别关系树,树的叶子节点便是每个类别,非叶子节点便是属性,节点之间的连线便是节点属性的不同取值范围。决策树构建好后,便从决策树根节点开始从上到下对需要进行类别标注的实例进行属性值的比较,最后到达某个叶子节点,该叶子节点所对应的类别便是该实例的类别。

常用的决策树算法有 ID3、C4.5/C5.0、CART 等。这些算法的区别主要在于属性选择的策略、决策树的结构(如决策树中出现重复属性)、是否采用剪枝以及剪枝的方法、是否处理大数据集(即算法的复杂度,包括时间与空间复杂度)等方面。

3. 贝叶斯分类器

贝叶斯分类算法是基于概率论中的贝叶斯公式对实例进行分类的算法,它使用贝叶斯公式计算实例特征向量下每个类别的条件概率,选择最大条件概率所对应的类别作为其类别。常见的贝叶斯分类算法包括朴素贝叶斯、贝叶斯网络等。朴素贝叶斯与贝叶斯网络的区别在于假设属性之间是否条件独立。朴素贝叶斯假设属性之间是条件独立的,但是这种假设往往是不成立的。贝叶斯网络假设部分属性之间是有关联的,从而构建一个属性有向网络。

4. k 近邻

k 近邻算法是基于实例的分类算法。该算法首先定义一个邻居范围,即设定邻居的个数,然后采用投票的方式决定自己所属的类别,即采取多数战胜少数的策略,自己的类别为邻居中大部分所对应的类别。k 近邻算法一般采用欧式距离,即选取欧式距离最近的 k 个已标注类别的样本作为自己的邻居,既可以采取邻居平等投票的方式,也可以采取邻居权值的方式进行投票,即不同的邻居的意见有着不同的权重,一般距离越近的邻居权重越大。该算法有个缺点,即对每一个未知类别的实例都需要计算它与样本空间中所有样本的距离,因此复杂度过高,无法满足那些实时性要求较高的分类场景。

5. 支持向量机

支持向量机(SVM)是一种很重要的机器学习分类算法,建立在由 Vapnik 和 Chervonenkis 提出的统计学习理论中的 VC 维理论和结构风险最小化原理的基础上。结构化风险等于经验风险加上置信风险,而经验风险为分类器在给定训练样本上的误差,置信风险为分类器在未知类别的实例集上的分类误差。给定的训练样本的数量越多,泛化能力越有可能越好,学习效果越有可能更好,此时置信风险越小。以前的学习算法目标是降低经验风险。要降低经验风险,需要增加模型对训练样本的拟合度,即提高分类模型的复杂度,此时会导致 VC 维很高,泛化能力差,置信风险高,所以结构风险也高。SVM 算法以最小化结构风险为目标,这便是 SVM 的优势。SVM 是通过最大化分类几何间隔来构建最优分类超平面,进而提高模型的泛化能力并引入核函数来降低 VC 维的。支持向量机在对未知类别的实例进行分类时使用该实例落在超平面的区域所对应的类别作为该实例的类别。

6. 基于关联规则的分类器

基于关联规则的分类算法是基于关联规则挖掘的,它类似于关联规则挖掘算法,使用最小支持度与最小置信度来构建关联规则集,即 $X_s \Rightarrow C$,与不同于关联规则挖掘算法不同的是,X_s 是属性值对集合,而 C 是类别。它首先从训练集中构建所有满足最小支持度与最小置信度的关联规则,然后使用这些关联规则来进行分类。该类型常见的算法有 CBA、ADT 等。

7. 集成学习

在实际应用中,单一的分类算法往往不能达到理想的分类效果,并且有时单一的分类器会导致过拟合。类似于三个臭皮匠胜过一个诸葛亮的思想,使用多个分类器进行集成往往能够达到更好的分类效果。常见的集成方式包括 stacking、bagging 以及 boosting,常见的集成算法包括 AdaBoost 算法、GBDT 算法、随机森林算法等。

8. 人工神经网络

人工神经网络是模拟人脑的工作原理,使用节点之间的连接模拟人脑中的神经元连接来进行信息处理的机器学习模型。人工神经网络包括输入层、隐含层、输出层。这些层以使用不同的权值进行连接,每个节点(神经元)都有一个激励函数,用于模拟人脑神经元的抑制与兴奋。信息从输入层流通到输出层,并且使用训练集来学习网络中的权值,改善网络的效果。一般使用梯度下降误差反向传播对网络中的参数进行学习更新,直到满足精度要求。在分类中,首先使用训练样本对网络中的参数进行学习,然后从输入层输入未知实例的特征向量,输出层的输出便是其类别。常见的人工神经网络有 BP 神经网络、RBF 神经网络、循环神经网络、随机神经网络、竞争神经网络以及深度神经网络等。不同的人工神经网络用于处理不同的应用场景。

9. 回归模型

回归是指通过对数据进行统计分析,得到能够对数据进行拟合的模型,确定两种或两种以上变量间相互依赖的定量关系。它与分类的区别在于结果是连续的。回归分为线性回归和非线性回归。线性回归模型假设自变量与因变量之间是一种线性关系,即自变量最高次是一次,然后使用训练集对模型中的各个参数进行训练学习,得到自变量与因变量之间的定量关系方程,最后将未知结果的实例代入方程得到结果。常用的线性回归算法是 L_2 正则的岭回归算法与 L_1 正则的 LASSO 回归算法。非线性回归模型假设自变量与因变量之间的关系是非线性的,即自变量的最高次大于 1。常用的非线性回归算法有逻辑回归算法、softmax 回归算法、神经网络回归算法、支持向量机回归算法以及 CART 回归树算法等。若在回归结果上面加一层,则可以达到分类的效果。

10. 预测模型

预测模型包括分类模型与回归模型。两者的区别在于:前者对离散值进行预测,而后者对连续值进行预测。同时,与时间有关的预测模型根据历史的状态预测将来一段时间内的状态,如设备故障预测等。常用的预测模型包括自回归积分滑动平均模型(ARIMA)、灰度预测模型、循环神经网络以及深度学习模型等。使用预测模型对设备的故障进行预测,可以在设备故障发生之前就进行维修,对设备采购需求、设备技改、设备剩余寿命进行预测,同时可以对设备的故障进行分类等。

11. 聚类模型

聚类分析是数据挖掘的重要研究内容与热点问题。它的由来已久,国外可以追溯到亚里士多德时期。在中国,很久之前便流传着"物以类聚,人以群分"的聚类思想。可见,聚类是一个非常古老的问题,它伴随着人类社会的产生与发展而不断深化。人们通过事物之间的区别性与相似性来认识与改造世界,将相似的对象聚集到一起。聚类便是按照某种相似性度量方法对一个集合进行划分成多个类簇,使得同一个类簇之间的相似性高,不同类簇之间不相似或者相似性低。同一类簇中的任意两个对象的相似性要大于不同类簇的任意两个对象。从学习的角度来看,聚类中事先并不需要知道每个对象所属的类别,即每个对象没有类标进行指导学习,也不知道每个簇的大小,而是根据对象之间的相似性来划分的,因此聚类分析属于一种无监督学习方法,又被称为无先验知识学习方法。聚类分析的目的是在数据中寻找相似的分组结构和区分差异的对象结构。目前,聚类算法已经广泛应用于科学与工程领域的方方面面。例如:在电子商务上进行消费群体划分与商品主题团活动等;在生物信息学上进行种群聚类,以便于识别未知种群以及刻画种群结构等;在计算机视觉上应用聚类算法进行图像分割、模式识别与目标识别等；在社交网络上进行社区发现等；在自然语言处理中进行文本挖掘等。

12. 关联规则挖掘

关联规则挖掘是指给定一个数据集 T，每条记录有多个特征，从这些记录中找出所有支持度大于或等于最小支持度 support≥min_support，置信度大于或等于最小置信度 confidence≥min_confidence 的规则 $X_s⇒Y_s$。它形式化的定义为：两个不相交的非空集合 X_s、Y_s，如果 $X_s⇒Y_s$，就说 $X_s⇒Y_s$ 是一条规则。例如啤酒与尿布的故事，它已成为关联规则挖掘的经典案例，〈啤酒〉⇒〈尿布〉是一条关联规则。支持度 support 的定义为：support〈$X_s⇒Y_s$〉为集合 X_s 与集合 Y_s 中的项在同一条记录中出现的次数除以总记录的个数。置信度（confidence）的定义为：confidence〈Xs⇒Ys〉为集合 X_s 与集合 Y_s 中的项在同一条记录中出现的次数除以集合 X_s 中的项共同出现的次数。支持度和置信度越高，说明规则越强。关联规则挖掘是挖掘出具有一定强度的规则集合，即该规则集合中的每条规则的支持度要大于或等于最小支持度，置信度要大于或等于最小置信度。常见的关联规则挖掘算法有 Apriori 算法、FP-growth 算法、gSpan 算法等。我们可以使用关联规则挖掘算法对设备故障进行监控与预测，以便找到故障发生的关键原因。

8.2.4　大数据处理流程

大数据处理流程包括数据收集、数据预处理、数据存储、数据处理与分析、数据可视化与应用等环节，如图 8-4 所示。其中数据质量贯穿整个大数据流程，每一个数据处理环节都会对大数据质量产生影响作用。通常，一个好的大数据产品要有大量的数据规模、快速的数据处理、精确的数据分析与预测、优秀的可视化图表以及简练易懂的结果解释。

图 8-4　大数据处理流程

1. 数据收集

在数据收集过程中，数据源会影响大数据质量的真实性、完整性、一致性、准确性和安全性。对于 web 数据，多采用网络爬虫方式进行收集，这需要对爬虫软件进行时间设置，以保障收集到的数据的时效性质量。例如，可以利用易海聚采集软件的增值 API 设置，灵活控制采集任务的启动和停止。

2. 数据预处理

大数据采集过程中通常有一个或多个数据源，这些数据源包括同构或异构的数据库、文件系统、服务接口等，易受到噪声数据、数据值缺失、数据冲突等的影响，因此需首先对收集到的大数据集合进行预处理，以保证大数据分析与预测结果的准确性与价值。

大数据的预处理环节主要包括数据清理、数据集成、数据归约与数据转换等内容，可以大大提高大数据的总体质量，是大数据过程质量的体现。数据清理包括对数据的不一致检测、对噪声数据的识别、数据过滤与修正等内容，有利于提高大数据在一致性、准确性、真实性和可用性等方面的质量。

数据集成是指将多个数据源的数据进行集成,从而形成集中、统一的数据库、数据立方体等。这一过程有利于提高大数据在完整性、一致性、安全性和可用性等方面的质量。

数据归约是指在不损害分析结果准确性的前提下降低数据集的规模,简化数据集,包括维归约、数据归约、数据抽样等技术。这一过程有利于提高大数据的价值密度,即提高大数据存储的价值性。

数据转换处理包括基于规则或元数据的转换、基于模型与学习的转换等内容,可通过转换实现数据统一。这一过程有利于提高大数据的一致性和可用性。

总之,数据预处理环节有利于提高大数据在一致性、准确性、真实性、可用性、完整性、安全性和价值性等方面的质量,大数据的预处理会影响大数据的分析质量。

3. 数据存储

大数据因为规模大、类型多样、新增速度快,所以在存储和计算上都需要技术支持,依靠传统的数据存储和处理工具,已经很难实现高效处理了。以往的数据存储,主要是基于关系数据库,而关系数据库在面对大数据时所能承受的数据量是有上限的,当数据规模达到一定的量级时,数据检索的速度就会急剧下降,对于后续的数据处理来说,也带来了困难。

为了解决这个问题,主流的数据库系统都纷纷给出解决方案。例如,MySQL 提供 MySQL proxy 组件,实现了对请求的拦截,结合分布式存储技术,从而将一张大表的记录拆分到不同节点上去进行查询。对于每个节点来说,数据量不会很大,从而提升了查询效率。一些非关系数据库,如 MongoDB、HBase 等,摆脱了表存储模式,支持分布式存储,即将一份大的数据分散到不同的机器上进行存储,从而降低了单个节点的存取压力,使得大数据存储和处理问题都得到了比较好的解决。

4. 数据处理与分析

大数据的分布式处理技术与存储形式、业务数据类型等相关,针对大数据处理的主要计算模型有 MapReduce 分布式计算框架、分布式内存计算系统、分布式流计算系统等。MapReduce 是一个批处理的分布式计算框架,可对海量数据进行并行分析与处理,适合对各种结构化、非结构化数据进行处理。分布式内存计算系统可有效减少数据读写和移动的开销,提高大数据处理性能。分布式流计算系统对数据流进行实时处理,以保障大数据的时效性和价值性。

无论哪种大数据分布式处理与计算系统,都有利于提高大数据的价值性、可用性、时效性和准确性。大数据的类型和存储形式决定了它所采用的数据处理系统,而数据处理系统的性能与优劣直接影响大数据的价值性、可用性、时效性和准确性。因此,在进行大数据处理时,要根据大数据类型选择合适的存储形式和数据处理系统,以实现大数据质量的最优化。

大数据分析技术包括分布式统计分析、未知数据的分布式挖掘、深度学习等技术。分布式统计分析可通过数据处理技术完成;未知数据的分布式挖掘和深度学习在大数据分析阶段完成,包括聚类与分类、关联分析、深度学习等内容,可挖掘大数据集合中的数据关联性,形成对事物的描述模式或属性规则,可通过构建机器学习模型和海量训练数据提升数据分析与预测的准确性。

数据分析是大数据处理与应用的关键环节,决定了大数据集合的价值性和可用性,以及分析预测结果的准确性。在数据分析环节,应根据大数据应用情境与决策需求,选择合适的数据分析技术,提高大数据分析结果的可用性、价值性和准确性。

5. 数据可视化与应用

数据可视化是指将大数据分析与预测结果以计算机图形或图像的直观方式显示给用户的过程,并可与用户进行交互式处理。数据可视化技术有利于发现大量业务数据中隐含的规律性信息,以支持管理决策。数据可视化环节可大大提高大数据分析结果的直观性,便于用户理解与使用,因此数据可视化是影响大数据可用性和易于理解性的关键因素。

大数据应用是指将经过分析处理后挖掘得到的大数据结果应用于管理决策、战略规划等的过程。它是对大数据分析结果的检验与验证,大数据应用过程直接体现了大数据分析结果的价值性和可用性。大数据应用对大数据的分析处理具有引导作用。

在大数据收集、处理等一系列操作之前,通过对应用情境充分进行调研、对管理决策需求信息深入进行分析,可明确大数据处理与分析的目标,从而为大数据收集、存储、处理、分析等过程指明方向,并保障大数据分析结果的可用性、价值性和用户需求的满足。

8.2.5 大数据分析平台部署

面对海量数据源,对零散的数据进行有效分析,一直是大数据领域研究的热点问题。大数据分析平台需要整合当前主流的大数据处理分析框架和工具,实现对数据的挖掘和分析。一个大数据分析平台涉及的组件众多,将这些组件有机地结合起来,完成海量数据的挖掘是一项复杂的工作。

我们在搭建大数据分析平台之前,要先明确业务需求场景和用户的需求,通过明确大数据分析平台想要得到哪些有价值的信息、需要接入的数据有哪些,明确基于场景业务需求的大数据平台要具备的基本功能,来决定平台搭建过程中使用的大数据处理工具和框架。一般来说,我们可以按以下流程来完成大数据分析平台的部署。

1. 操作系统

操作系统一般使用开源版的 RedHat、CentOS 或者 Debian 作为底层的构建平台,要根据大数据分析平台所要搭建的数据分析工具支持的系统,选择合适的操作系统版本。

2. 搭建 Hadoop 集群

作为一个开发和运行处理大规模数据的软件平台,Hadoop 实现了在大量的廉价计算机组成的集群中对海量数据进行分布式计算。Hadoop 框架中最核心的设计是 HDFS 和 MapReduce。HDFS 是一个高容错性的系统,适合部署在廉价的机器上,能够提供高吞吐量的数据访问,适用于那些有着超大数据集的应用程序;MapReduce 是一套可以从海量的数据中提取数据最后返回结果集的编程模型。在生产实践应用中,Hadoop 非常适用于大数据存储和大数据的分析应用,适合服务于几千台到几万台服务器的集群运行,支持 PB 级别的存储容量。

Hadoop 家族还包含各种开源组件,如 YARN,ZooKeeper,HBase,Hive,Sqoop,Impala,Spark 等。使用开源组件的优势显而易见,活跃的社区会不断地迭代更新组件版本,使用的人也会很多,遇到问题会比较容易解决,同时代码开源,高水平的数据开发工程师可结合自身项目的需求对代码进行修改,以更好地为项目提供服务。

3. 数据接入和预处理工具

面对各种来源的数据,数据接入是将这些零散的数据整合在一起,综合起来进行分析。数据接入主要包括文件日志的接入、数据库日志的接入、关系数据库的接入和应用程序等的接入。数据接入常用的工具有 Flume、Logstash、NDC(网易数据运河系统)、Sqoop 等。对于实时性要求比较高的业务场景,如对存在于社交网站、新闻等中的数据信息流,需要进行快速的处理反馈,那么数据的接入可以使用开源的 Strom、Spark Streaming 等。

当需要使用上游模块的数据进行计算、统计和分析的时候,就需要用到分布式的消息系统,如基于发布/订阅的消息系统 Kafka。还可以使用分布式应用程序协调服务 ZooKeeper 来提供数据同步服务,以更好地保证数据的可靠性和一致性。

数据预处理是在海量的数据中提取出可用特征,建立宽表,创建数据仓库,会使用到 Hive SQL、Spark SQL 和 Impala 等工具。随着业务量的增多,需要进行训练和清洗的数据也会变得越来越复杂,可以使用 Azkaban 或者 Oozie 作为工作流调度引擎,用于解决有多个 Hadoop 或者 Spark 等计算任务之间的依赖关系问题。

4. 数据存储

除了 Hadoop 中已广泛应用于数据存储的 HDFS,常用的还有分布式、面向列的开源数据库 HBase。HBase 是一种 key/value 系统,部署在 HDFS 上。与 Hadoop 一样,HBase 的目标主要是依赖横向扩展,通过不断地增加廉价的商用服务器,提升计算和存储能力。同时 Hadoop 的资源管理器 YARN 可以为上层应用提供统一的资源管理和调度,为集群在利用率、资源统一等方面带来巨大的好处。

Kudu 是一个围绕 Hadoop 生态圈建立的存储引擎,Kudu 拥有和 Hadoop 生态圈共同的设计理念,可以运行在普通的服务器上,作为一个开源的存储引擎,可以同时提供低延迟的随机读写和高效的数据分析能力。Redis 是一种速度非常快的非关系数据库,可以将存储在内存中的数据持久化到硬盘中,可以存储键与 5 种不同类型的值之间的映射。

5. 数据挖掘工具

Hive 可以将结构化的数据映射为一张数据库表,并提供 HQL 的查询功能。它是建立在 Hadoop 之上的数据仓库基础架构,是为了减少 MapReduce 编写工作的批处理系统。它的出现可以让那些精通 SQL 技能,但是不熟悉 MapReduce、编程能力较弱和不擅长 Java 的用户能够在 HDFS 大规模数据集上很好地利用 SQL 语言查询、汇总、分析数据。Impala 是对 Hive 的一个补充,可以实现高效的 SQL 查询,但是 Impala 将整个查询过程分成了一个执行计划树,而不是一连串的 MapReduce 任务。相比 Hive,Impala 有更好的并发性,并避免了不必要的中间 sort 和 shuffle 分析。

Spark 可以将 Job 中间输出结果保存在内存中,不需要读取 HDFS。Spark 启用了内存分布数据集,除了能够提供交互式查询外,还可以优化迭代工作负载。Solr 是一个运行在 Servlet 容器的独立的企业级搜索应用的全文搜索服务器,用户可以通过 HTTP 请求,向搜索引擎服务器提交一定格式的 XML,生成索引,或者通过 HTTP GET 操作提出查找请求,并得到 XML 格式的返回结果。

对数据进行建模分析,会用到与机器学习相关的知识,如常用的机器学习算法,包括贝叶斯分类算法、逻辑回归算法、决策树算法、神经网络算法、协同过滤算法等。

6. 数据的可视化及 API

对于处理得到的数据可以对接主流的 BI 系统,如国外的 Tableau、QlikView、Powrer BI 等,国内的 SmallBI 和新兴的网易有数(可免费试用)等,将结果进行可视化,用于决策分析,或者回流到线上,支持线上业务的发展。

一个成熟的大数据分析平台,需要考虑的因素有很多,如稳定性、可扩展性和安全性,因此设计一个成熟的大数据分析平台是一项复杂的工作。

8.3 物联网数据分析

物联网的大数据应用是国家大数据战略的重要组成部分,结合物联网应用的大数据研究,必将成为物联网研究的重要内容。大数据应用水平直接影响物联网应用系统存在的价值与重要性,大数据应用的效果是评价物联网应用系统技术水平的关键指标之一。

庞大的物联网数据聚集在一起,若不做分析,则产生不了实际价值。对传感器或物联网设备上报上来的海量数据进行分析,有助于实现物联网设备运营分析、设备运行状态的预测性维护、产品工艺改造等。通用大数据分析,由于缺乏针对物联网行业的最佳实践,在技术层面和商业层面都缺少物联网基因,影响物联网数据应用开发效率。如图 8-5 所示,利用林区里的传感器,将森林中的温湿度、烟雾等数值汇聚传输到数据中心。根据温湿度特征,可以推算天气干燥

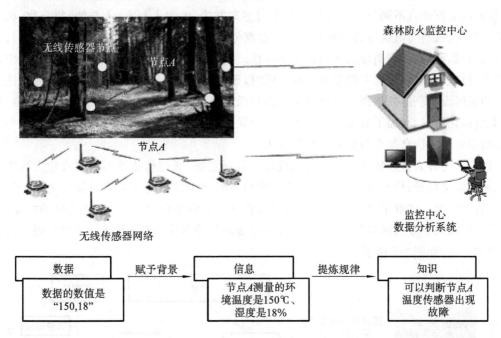

传感器号	查询周期	时间	湿度	光强	温度	水平加速度	垂直加速度	水平磁感应	垂直磁感应	噪声	音调	原始声音
1	1	2003-05-01	562	388	235	432	886	76	145	422	0.2	522
2	1	2003-05-01	475	233	543	655	567	65	331	655	0.5	256
3	1	2003-05-01	491	256	455	345	654	42	456	211	0.3	654
1	2	2003-05-02	586	155	654	342	432	77	470	118	0.5	422
2	2	2003-05-02	512	257	454	566	323	61	423	135	0.7	656

图 8-5 森林消防物联网系统

程度,以及风力和人为因素可能带来的防火压力;一旦发生火灾,可以快速推送消息到平台预警,精准定位火源地,进行人员疏导,组织人员灭火救灾。物联网数据分析带来的价值在应用中不断深度衍生。

8.3.1 物联网数据

物联网数据与互联网数据有很多相同之处,但分析对象和目的有很大的区别。物联网更加强调数据可视化,物联网的底层设备将数据推送到云服务器后,以非常直观的形式将数据分析结果呈现给用户,帮助不同行业的用户从中提取有价值的知识,帮助用户做出科学决策。物联网的数据挖掘算法,对数据结果的时效性、可靠性与可信性要求很高。物联网应用的预测性分析十分重要,需要结合传统行业的特点,进行模型与算法的设计。不同传感器采集的原始数据汇聚后,实现多维数据融合,以及多用户协同感知,让结果更准确地反映真实情况。

物联网数据来自不同行业、不同应用、不同感知方式,包含人与人、人与物、物与物、机器与人、机器与物、机器与机器等各种数据。这些数据分为状态数据、位置数据、个性化数据、行为数据与反馈数据,数据具有明显的异构性与多样性。物联网数据是系统控制命令与策略制定的基础,因此对物联网数据处理时间要求很高。同时,事件发生往往突然和超出预判,事先无法考虑周全,物联网设备获得数据很容易出现不全面和噪声干扰现象,而且大量图像、视频、语音、超媒体等非结构化数据,增加了数据处理的难度。物联网数据涉及企业大量重要的商业秘密与个人隐私,数据处理的信息安全与隐私保护难度大。

目前,国内外大多数物联网云平台的设备与数据之间,通过构建模型的方式建立数据映射关系;通过定义场景、模型、影子等方式,描述物与空间、物与物、物与人等的复杂关系;通过"物联网＋资产模型",在数字世界中构建与物理世界准实时同步的数字孪生;基于模型抽象,为数据分析提供面向业务的接口封装。例如,将一栋楼映射成数字孪生,通过数字模型创建大楼内部的组成关系,如图 8-6 所示。

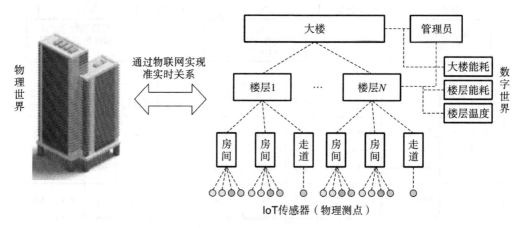

图 8-6　数字孪生

这些设备联网后,大部分数据是时序数据。它具有时间戳(timestamp)、随时间变化的数值(fields)、附加信息(tags)、度量(measurement)四个关键信息,如图 8-7 所示。这些数据具有大、小、高、低四个特点。"大"即数据体量大,很多工业场景产生的数据量可能会更大。"小"即数据

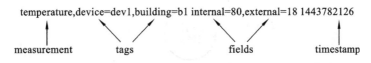

图 8-7　森林温度数据

的价值密度小,或者也可以理解为要从海量的数据中找到有价值的信息是一件比较难的事情。"高"即数据时效性高,设备产生的数据流往往需要及时进行分析处理,随着时间的流逝,数据的价值会迅速降低。"低"即数据质量通常较低,与物联网设备自身能力有关,较苛刻的设备部署环境和网络出现传输问题等,容易造成物联网数据容易出现丢失、异常、重复等问题。

如果按照物联网数据变化分类,则可以将物联网数据可以分为静态数据和动态数据。其中,静态数据是指传感器或者设备的一些属性性质的数据,在不增加新设备的情况下,不伴随时间的变化而变化,也不会随着时间的增长而增长。代表性的数据是设备 ID、设备地址等。这种数据采用关系数据库存储。动态数据是指随着时间周期会发生变化的数据,每个数据都与时间值有对应的关系,数据采用时序方式进行存储,数据量非常大,并且采集越频繁,数据量越大。动态数据不仅会随着设备数量的增加而增加,还会随着时间的增加而增加。在通常情况下,数据库需要周期性地删除数据,否则数据过大。

如果按照物联网数据功能分类,则物联网数据主要分为监测类数据、控制类数据、统计类数据以及预测/预判类数据等四种类型。其中,监测类数据针对物联网设备进行可视化展示,实现设备状态监控。对于控制类数据,当监测到异常的控制类数据时,可以通知对应的管理员远程操控设备,实现反控,提高操作效率,管理员无须到设备现场。对于统计类数据,可以根据实际需求,用于对历史数据做报表统计和分析,通过不同维度,采用图表或者图形形式呈现给用户,帮助用户快速、直观地了解设备的运行情况。对于预测/预判类数据,通过数据分析模型,可用于对一些事件做预判,提前获取概率性,以便及时做出响应,避免造成更大的损失。数据和经验积累到一定程度后,系统可以自动针对事件数据进行分析,并做出正确响应,无须人工干预。

如果按照物联网数据时效性分类,则物联网数据主要分为实时数据、时序数据和离线数据。对于物联网数据,有些需要进行实时处理,以实现数据价值的最大化;而有些不必进行实时处理。因此,我们需要区别对待不同类型的物联网数据。例如,实时数据需要分发到流计算引擎中;而历史数据采用低成本方式进行存储,如对象存储;而对于近期需要频繁操作的数据,要考虑如何尽量提高查询效率。因此,根据物联网数据类型不同,数据处理方式不同,如图 8-8 所示。

1. 实时数据

实时数据如果没有得到及时分析处理,就会失去价值,甚至可能造成损失。典型的实时数据包括设备位置信息、设备实时状态信息等,应用于实时监控、实时告警等场景。例如,车辆实时上报位置数据,经实时分析后呈现到交通监控中心的大屏上,交通专家根据实时数据下达各种交通控制决策,如红绿灯时间调整等。为了实现高实时性,可以采用实时流分析方案,从物联网平台的数据通道中,实时获取流动数据,经过分析和处理后,再输出至数据通道继续流转。

2. 时序数据

时序数据量大,有时间标志。例如,车联网中车辆的行驶轨迹、温室大棚里温湿度的变化等。时序数据的分析一般依赖于时序数据库,数据保存至时序数据库进行分类与排序,再由其

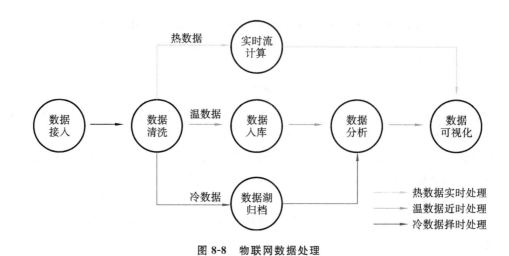

图 8-8　物联网数据处理

他应用或服务,从时序数据库中获取并进行进一步处理。

3．离线数据

离线数据的实时性和有序性不强,进行数据分析时已经固化,因此我们称之为离线数据。例如,物联网云平台将自动售货机上报的销售数据汇总后保存,然后定期使用大数据分析平台分析销售数据,以报表的形式呈现给企业,协助企业进行销售策略的调整。离线数据量庞大,一般采用分布式处理方案,以提升海量数据分析效率。

8.3.2　物联网时序数据的分析流程

物联网时序数据有着自身的优点与不足。例如,时序数据采集粒度不一致,不同传感器的采样频率不同,有的按分钟采用,有的按天采样,使得时间序列中不同属性的时间粒度不一致。时间序列的数据量大,模型无法从原始采集点进行样本训练,需要考虑进行数据维度的压缩与特征提取时,在不丢失时间维度的前提下,进行数据系列聚合。时序数据中,有的是连续型数据,有的是离散型数据,不同数据处理模型要求的输入数据格式不统一,应处理好数据格式,为模型分析做好前期数据准备。物联网数据源具有多样性,如电压、电流、压力、速度、功率等,这些测量值的取值范围不同,需要在不改变原有属性的前提下,将这些数据压缩到指定范围。这些因素会影响数据分析的精度和效果。

因此,结合物联网时序数据,需要有一套规范的数据分析流程,主要包含数据清洗、数据标准化、维度压缩和特征提取、数据优化、特征融合、模型训练、模型评价、故障分析等。

1．数据清洗

物联网设备监测时,会有大量的噪声信息,包括空值、异常值等,这些值无法被数据模型处理,所以需要预先进行数据清洗过滤。

2．数据标准化

物联网设备监测数据格式多,数值取值范围不一致,需要对数据格式和数值进行标准化,从而减小数据量级偏差导致的模型误差。

3．维度压缩和特征提取

物联网设备监测时序数据具有采样点密集和数据量大的特点。如果对原始数据直接进行挖掘,则会出现模型计算开销大、模型收敛慢的现象,因此对数据进行特征提取、降低数据维度是进行时序数据挖掘的关键步骤。

4. 数据优化

设备监测的数据大部分是正常工作数据,故障数据记录占比较低,为了减小数据样本类别不平衡导致的模型误差,需要对数据类别进行平衡优化。

5. 特征融合

为了更准确地对数据中的异常进行分析,解决时序数据的隐蔽性强所导致的不易挖掘等问题,需要提供更多维度的信息,进行特征融合,提高模型的区分能力。

6. 模型训练

模型训练前,需要准备好样本数据,根据异常检测、特征因子分析的需求,进行模型训练和参数调优,使模型发挥最优效果,如图 8-9 所示。一般而言,针对工业现场的故障诊断,会采用单故障因子分析和多故障因子分析。其中,单故障因子分析是指根据设备故障检测结果,从时序数据中挖掘故障的关键因子,分析故障原因。很多场景会采用随机森林方法。有时导致设备故障的原因是多个因素共同作用,这时需要采用多故障因子分析方法来分析各种原因之间的关联性。一般经常采用皮尔逊相关性分析方法来评估故障因子与故障结果之间的关系。

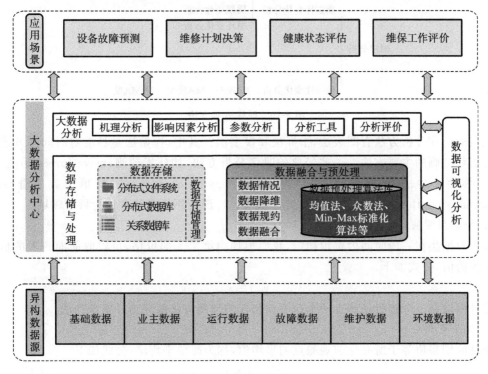

图 8-9　故障分析模型

7. 模型评价

对模型实际效果进行分析,需要采用一定的指标来验证模型的有效性。

8. 故障分析

故障分析是指进行特征因子的分析,优化故障模型和故障因子,进一步分析、整理,得出结论。

8.3.3 物联网时序数据预测法

时序分析是统计学研究的一个重要分支,它直接以事物在不同时刻的状态所形成的数据为研究对象,通过对时序数据的特征进行分析和研究,揭示事物的发展变化规律。在时间序列模型中,理论模型是在数学理论和假设基础上通过演绎推理的方法建立起来的,反映时间序列的总体特征,对时间序列中隐含的一些局部、细节的特征是很难表现出来的。

时序数据具有确定性变化和随机性变化等特征。其中,确定性变化分析可以采用趋势变化分析方法、周期变化分析方法、循环变化分析方法;而随机性变化分析采用 AR 模型、MA 模型、ARMA 模型。分类方式如图 8-10 所示。长期趋势变化受某种基本因素影响,时序数据随时间变化表现为一种确定倾向,即稳步增长或下降。一般使用的分析方法有移动平均(moving average)法、指数平滑法、模型拟合法等。季节性周期变化受季节更替等因素影响,时序数据按一个固定周期规则性变化(又称商业循环),一般采用季节指数分析方法进行分析。循环变化、周期不固定的波动变化、随机性变化、由许多不确定因素引起的序列变化,一般采用 AR 模型、MA 模型、ARMA 模型等进行数据分析。

- 时序分析
  - 确定性变化分析
    - 趋势变化分析
    - 周期变化分析
    - 循环变化分析
  - 随机性变化分析:AR模型、MA模型、ARMA模型

图 8-10 时序分析方法

经典的时序分析方法有图表法、指标法和模型法。其中,模型法是目前对时间序列进行深层次分析和刻画的主要方法。一些经典的时序分析方法,如朴素预测(naive forecast)法、简单平均法、移动平均法、加权移动平均(weighted moving average)法、简单指数平滑(simple exponential smoothing)法、霍尔特线性趋势法等已广泛应用于自然和社会科学领域。

1. 朴素预测法

如果数据集在一段时间内都很稳定,我们想预测第二天的价格,可以取前面一天的价格预测第二天的值,公式如下。

$$y_{t+1}=y_t$$

这种假设第一个预测点和上一个观察点相等的预测方法就称为朴素预测法。

2. 简单平均法

预测的期望值等于所有先前观测点的平均值,称为简单平均法,公式如下。

$$\hat{y}_{x+1}=\frac{1}{x}\sum_{i=1}^{x}y_i$$

物品价格会随机上涨和下跌,平均价格保持一致。我们经常会遇到一些数据集,虽然在一定时期内出现小幅变动,但每个时间段的平均值确实保持不变。在这种情况下,我们可以认为第二天的价格大致和过去的平均价格值一致。这种将预期值等同于之前所有观测点的平均值的预测方法就称为简单平均法。这种方法并没有提高结果的准确度,当每个时间段的平均值保持不变时,这种方法效果最好。

3. 移动平均法

移动平均法也称为滑动平均法，取前面 n 个点的平均值作为预测值，公式如下。

$$\hat{y}_i = \frac{1}{p}(y_{i-1} + y_{i-2} + y_{i-3} + \cdots + y_{i-p})$$

过去的观测值在这段时间里有很大幅度的上涨，如果使用简单平均法，则得出的数据结果并不正确。利用时间窗计算平均值的预测方法称为移动平均法。移动平均值的计算有时包括一个大小为 n 的滑动窗口。计算移动平均值涉及一个有时被称为滑动窗口的大小值 p。使用简单的移动平均模型，我们可以根据之前数值的固定有限数 p 的平均值预测某个时序中的下一个值。这样，对于所有的 $i > p$，利用一个简单的移动平均模型预测一个时间序列中的下一个值，是基于先前值的固定有限个数"p"的平均值。

4. 加权移动平均法

加权移动平均法是对移动平均法的一个改进，对过去的 n 个观测值进行了同等的加权，公式如下。

$$\hat{y}_i = \frac{1}{m}(w_1 \times y_{i-1} + w_2 \times y_{i-2} + w_3 \times y_{i-3} + \cdots + w_m \times y_{i-m})$$

加权移动平均法其实还是一种移动平均法，只是滑动窗口内的值被赋予不同的权重，通常来讲，最近时间点的值更重要。这种方法并非选择一个滑动窗口的值，而需要一列权重值（相加后为 1）。例如，如果选择 $[0.40, 0.25, 0.20, 0.15]$ 作为权值，需要为最近的 4 个时间点分别赋予 40%、25%、20% 和 15% 的权重。

5. 简单指数平滑法

简单平均法将过去数据一个不漏地全部加以同等利用；移动平均法不考虑较远期的数据，并在加权移动平均法中给予近期更大的权重。在这两种方法之间取一个折中的方法，在将所有数据考虑在内的同时，也能给数据赋予不同非权重。

采用指数平滑法时，相比更早时期内的观测值，越近的观测值会被赋予越大的权重，而时间越久远的权重越小。它通过加权平均值计算出预测值，其中权重随着观测值从早期到晚期的变化呈指数级下降，最小的权重和最早的观测值相关：

$$\hat{y}_{T+1|T} = \alpha y_T + \alpha(1-\alpha)y_{T-1} + \alpha(1-\alpha)^2 y_{T-2} + \cdots$$

其中，$0 \leqslant \alpha \leqslant 1$ 是平滑参数，对时间点 $T+1$ 的预测值是时序 $y_1, \cdots, y_T$ 的所有观测值的加权平均数。权重下降的速率由参数 α 控制，因此，它可以写为

$$\hat{y}_{T+1|T} = \alpha \times y_T + (1-\alpha) \times \hat{y}_{T|T-1}$$

6. 霍尔特线性趋势法

霍尔特线性趋势法考虑数据集的趋势，即时序的增加或减少性质。简单平均法会假设最后两点之间的趋势保持不变，使用移动趋势平均值或应用指数平滑。这种考虑数据集趋势的方法称为霍尔特线性趋势法，或者霍尔特指数平滑法。

7. Holt-Winters 方法（三次指数平滑法）

Holt-Winters（霍尔特-温特）方法，也叫三次指数平滑法。Holt-Winters 方法在 Holt 模型基础上引入了 Winters 周期项（也叫作季节项），可以用来处理月度数据（周期为 12 个月）、季度数据（周期为 4 个季度）、星期数据（周期为 7 日）等时序中的固定周期的波动行为。引入多个 Winters 周期项还可以处理多种周期并存的情况。

一个时序在每个固定的时间间隔中都出现某种重复的模式,就称该时序具有季节性特征。例如,酒店的预订量在周末较多、工作日较少,并且每年都在增加,表明存在一个一周的周期性和增长趋势。

8. ARIMA 方法

ARIMA(autoregressive integrated moving average)方法为差分整合移动平均自回归方法,又称整合移动平均自回归方法(移动也可称作滑动),是时序预测分析方法之一。ARIMA (p,d,q) 中,AR 是自回归,p 为自回归项数;MA 为滑动平均,q 为滑动平均项数,d 为使之成为平稳序列所做的差分次数(阶数),"差分"是关键步骤。

其他的预测方法,如自回归(AR)方法、移动平均(MA(q))方法、自回归移动平均(ARMA(p,q))方法,都是 ARIMA(p,d,q) 方法的特殊形式。

总之,物联网系统从数据流程的角度下定义,就是"监测、分析、应用"。物联网数据分析是关键,各种设备或传感器生产的数据存在着内在价值,应分析数据规律,针对数据的发展趋势,寻找看不见的模式,寻找内在的关联因子,寻找其隐藏的属性和相关性等。

数据的应用可以是过程控制的优化,也可以是客观事物的揭示,可以通过很多方式呈现。例如,在设备故障预警后,迅速处置;烟雾报警数据是真实的,迅速灭火;水生植物的光照强度不够,定时开启补光灯等;病人的手环数据异常,医院可以快速响应。

第9章
物联网与数据可视化

有人说数据可视化就是画图,把数据由冰冷的数字转换成图形,顶多是色彩丰富一些,看起来更形象、直观一些,看不出来研究的价值在哪儿。其实不然。可视化不仅可以带给人们视觉上的冲击,还可以揭示数据蕴含的规律和道理。可视化的终极目标是洞悉蕴含在数据中的现象和规律,这包含多重含义:发现、决策、解释、分析、探索和学习。

物联网用数据连接真实世界,通过二维数据可视化、三维数据可视化,让我们更加全面真实地认清物理世界的规律。二维数据可视化,在屏幕上实时展示设备的运行状态,方便查看、管理设备,实现设备定位功能,让用户远程实时了解设备位置。三维数据可视化,通过不同的模型及编辑器,简单地拖拽建模,描述物联网设备间的关联,构建三维场景的可视化。

本章从物联网前端常用的开发工具开始,从介绍传感器和执行器的前端设计,到数据可视化大屏,最后是物联网三维场景的建模,让大家对前端设计与交互有一个整体的了解和学习。当然,这些内容对于物联网前端工程师来说,还是不够的。

9.1 数据可视化

数据可视化是关于数据视觉表现形式的科学研究。这种数据的视觉表现形式被定义为,一种以某种概要形式抽提出来的信息,包括相应信息单位的各种属性和变量。它一直处于不断演变之中,边界不断扩大。数据可视化允许利用图形图像处理技术、计算机视觉技术以及用户界面技术,通过表达、建模,以及对立体、表面、属性和动画的显示,对数据加以可视化解释。与立体建模之类的特殊技术方法相比,数据可视化所涵盖的技术方法要广泛得多。

9.1.1 数据可视化的意义

俗语有曰:字不如表,表不如图。数据可视化通过易读、易懂、易操作的图表,给用户带来良好的视觉效果,降低用户的理解难度,从而实现用数字给用户讲个故事的工作目的。简单理解,数据可视化=数据+可视化,数据内容是基础,可视化是用图形化的方式呈现,并借此传达信息的方式。数据内容是可视化的内核,单纯追求可视化炫酷的意义并不大,拥有了优质的数据内容,可视化的意义方得以凸显。数据可视化帮助人们更好地分析数据,信息的质量在很大程度上依赖信息的表达方式。对由数字罗列所组成的数据所包含的意义进行分析,使分析结果可视化。

数据可视化的本质是视觉对话,数据可视化将技术与艺术完美结合,借助图形化的手段,清晰有效地传达与沟通信息。一方面,数据赋予可视化以价值;另一方面,可视化增加数据的灵性,两者相辅相成,帮助企业从信息中提取知识、从知识中收获价值。

数据可视化的优势如下。

1. 传递速度快

人脑对视觉信息的处理要比书面信息快 10 倍。使用图表来总结复杂的数据,可以确保对关系的理解要比那些混乱的报告或电子表格更快。

2. 数据显示的多维性

在可视化的分析下,数据将每一维的值分类、排序、组合和显示,这样就可以看到表示对象或事件的数据的多个属性或变量。

3. 更直观地展示信息

大数据可视化报告使我们能够用一些简单的图形就能体现那些复杂的信息,甚至单个图形也能做到。决策者可以轻松地解释各种不同的数据源。丰富且有意义的图形有助于让忙碌的主管和业务伙伴了解问题和未决的计划。

4. 大脑记忆能力的限制

实际上我们在观察物体的时候,我们的大脑和计算机一样有长期的记忆(memory,硬盘)和短期的记忆(cache,内存)。信息只有一遍一遍地经过短期记忆之后,才可能得以长期记忆。

很多研究已经表明,进行理解和学习的任务时,图文一起能够帮助读者更好地了解所要学习的内容,图像更容易理解、更有趣,也更容易让人们记住。

9.1.2 常用的可视化工具

常用的可视化工具有很多,适合不同层次的技术需求和应用需求。

1. Microsoft Excel

对于这个软件,大家应该并不陌生。对于一般的可视化,使用这个软件足矣,但是对于一些数据量较大的数据,这个软件就不太适用了。

2. Google Spreadsheets

Google Spreadsheets 是基于 web 的应用程序,它允许使用者创建、更新和修改表格并在线实时分享数据。基于 AJAX 的程序和微软的 Excel 与 CSV(逗号分隔值)文件是兼容的。表格也可以以超文本标记语言(HTML)的格式保存。

3. Tableau Software

Tableau Software 现在比较受大家的欢迎,既可以超越 Excel 做一些稍微复杂的数据分析,又不需要像使用 R、Python 编程语言实现可视化那么复杂。

4. 一些需要编程语言的工具

编程语言主要有 R、Java、HTML、SVG、CSS、Processing、Python。这里主要是列举一下有哪些编程语言可以实现可视化,具体如何实现需要读者自行学习。

数据可视化技术的基本思想是将数据中的每一个数据项作为单个图元元素表示,大量的数据集构成数据图像,同时将数据的各个属性值以多维数据的形式表示,可以从不同的维度观察数据,从而对数据进行更深入的观察和分析。

数据可视化与信息图形、信息可视化、科学可视化以及统计图形密切相关。当前,在研究、教学和开发领域,数据可视化是一种极为活跃的关键技术。

9.1.3 数据可视化的流程

数据可视化的基本步骤是:确定分析目标;数据收集;数据处理;数据分析;可视化呈现,得出结论。其中最重要的、最难的是数据分析,用户比较关注数据可视化的效果和结论。

1. 确定分析目标

根据现阶段的热点时事或社会较关注的现象,确定此次数据可视化的目标,并根据这个目标,进行一些准备工作,如设计贴合目标的问卷。数据分析的目的是解决问题,从而给公司与部门提供具有参考价值的分析内容。

完成上述内容的基础是数据。

2. 数据收集

按照第一步制定的目标进行数据收集。可以直接从数据网站上下载所需的数据,也可以通过发放问卷、电话访谈等形式直接收集数据。数据准备是为了明确数据范围,减少数据量,通过采集、统计、分析与归纳,梳理出所需要的数据结果表。

3. 数据处理

对由第二步收集来的数据进行一些预处理,如筛去一些不可信的字段、对空白的数据进行处理、去除可信度较低的数据等。梳理出的数据的存储可以简单地使用 Excel,也可以使用 MySQL 或者 Hive 等,这需要根据数据量和查询性能的要求来选择。

4. 数据分析

这是数据可视化流程的核心,将数据进行全面且科学的分析,联系多个维度,根据类型敲定不同的分析思路,对应各个行业等。数据分析人员使用数据表时,通过单表查询或者多表关联的方式,完成数据分析工作,然后就可以进入数据可视化设计环节了。这里不详细介绍。

5. 可视化呈现,得出结论

用户对最后呈现的可视化结果进行观察,直观地发现数据中的差异,从中提取出对应的信息,帮助公司运营提出科学的建议等。如今市面上可选的可视化工具有很多,如 Tableau、海致 BDP、帆软 FineBI、PowerBI、网易有数等,通过基础的 SQL 能力结合鼠标的拖拽操作,就可以完成可视化设计。

9.1.4 互联网可视化工具

图形化的信息使人们对数据有更加直观、清晰的理解,让信息发布者更加高效地展示自己的核心内容,即一图胜千言。在前端开发中,如果缺少合适的工具,则制作数据可视化图表会十分复杂。随着数据可视化概念逐年火热,很多优秀的开源图表库和工具脱颖而出。

1. AnyChart

AnyChart(官网:http://www.anychart.com/)基于 Flash/JavaScript(HTML5)的图表解决方案,可以轻松地跨浏览器、跨平台工作。除了基础的图表功能外,它还有收费的交互式图表和仪表功能。它可以通过 XML 格式获取数据,该方式使得开发人员可以非常灵活地控制图表上的每一个数据点,而当图表数据点数量偏大时,可以采用 CSV 的格式输入数据,减小数据文件大小和图表加载时间。

2. amCharts

amCharts(官网:http://www.amcharts.com/)是一款高级图表库,致力于为 web 上的数据可视化提供支持。它所支持的图表包括柱状图、条状图、线图、蜡烛图、饼图、雷达图、极坐标图、散点图、燃烧图和金字塔图等。amCharts 是一款完全独立的类库,在应用中不依赖任何其他第三方类库,就可直接编译运行。除了提供最基本的规范要素外,amCharts 还提供了交互特性。用户在浏览基于 amCharts 制作的图表时,将鼠标悬停在图表内容上,可以与其进行交互,使图表展示细节信息,其中呈现信息的容器叫作 Balloon(气球)。此外,图表可以动态动画的形式被绘制出来,带来非常好的展示效果。

3. Cesium

Cesium(官网:http://cesiumjs.org/)专注于地理数据可视化。它是一个 JavaScript 库,可以在 web 浏览器中绘制 3D/2D 地球。Cesium 无需任何插件即可基于 WebGL 进行硬件加速。

此外,它还有跨平台、跨浏览器的特性。Cesium 本身基于 Apache 开源协议,支持商业及非商业项目。

4. Chart.js

Chart.js4(官网:http://www.chartjs.org/)是一个简单、面向对象、为设计和开发者准备的图表绘制工具库。它提供了六种基础图表类型。它基于 HTML5 生成响应式图表,支持所有现代浏览器。另外,它不依赖任何外部工具库,本身轻量级,且支持模块化,即开发者可以拆分 Chart.js4,仅引入自己需要的部分进入工程。在小巧的身段中,它同时支持可交互图表。

5. Chartist.js

Chartist.js(官网:https://gionkunz.github.io/chartist-js/)是一个非常简单而且实用的 JavaScript 图表生成工具。它支持 SVG 格式,图表数据转换灵活,同时支持多种图表展现形式。在工程中,Chartist.js 的 CSS 和 JavaScript 分离,因此代码比较简洁,在应用时配置流程十分简单。它生成的是响应式图表,可以自动支持不同的浏览器尺寸和分辨率。另外,它也支持自定义 SASS 架构。

6. D3

2011 年,Mike Bostock、Vadim Ogievetsky 和 Jeff Heer 发布了 D3(官网:http://d3js.org/)。它是目前 web 端评价较好的 JavaScript 可视化工具库。D3 能够向用户提供大量线性图和条形图之外的复杂图表样式,如 Voronoi 图、树形图、圆形集群和单词云等。它的优点是实例丰富,易于实现数据调试,同时能够通过扩展实现任何想到的数据的可视化;缺点是学习门槛比较高。与 jQuery 类似,D3 直接对 DOM 进行操作,这是它与其他可视化工具的主要区别所在:它会设置单独的对象以及功能集,并通过标准 API 进行 DOM 调用。

7. Echarts

Echarts(官网:http://echarts.apache.org/zh/index.html)是一款免费开源的数据可视化产品,给用户提供直观、生动、可交互和可个性化定制的数据可视化图表。Echarts 上手简单,具有拖拽重计算、数据视图、值域漫游等特性,大大增强了用户体验,帮助用户在对数据进行挖掘、整合时大幅提高效率。同时,Echarts 提供了丰富的图表类型,除了常见的折柱饼图,还支持地图、力导向图、热力图、树图等。更惊艳的是,它还支持任意维度的堆积和多图表混合展现。总而言之,这是一款非常优秀的可视化产品,非常强大,不过它生成的图表不是很美观,对移动端的支持也还有些欠缺,不过这些问题在官方最新发布的版本中得到了很大的改善。

8. Flot

Flot8(官网:http://www.flotcharts.org/)是一个纯 JavaScript 绘图库,作为 jQuery 的插件使用。它可以较为轻松地跨浏览器工作。基于 jQuery 的特性,开发者可以全面地控制图表的动画、交互,把数据的呈现过程优化得更加完美。

9. FusionCharts Free

FusionCharts Free(官网:http://www.fusioncharts.com/)是可跨平台、跨浏览器的 Flash 图表解决方案,能够被 ASP、.NET、PHP、JSP、ColdFusion、Ruby on Rails、简单 HTML 页面甚至 PPT 调用。在使用过程中,用户原则上并不需要知道任何 Flash 的知识,只需要了解所用的编程语言,并能进行简单的调用即可以实现应用。

10. Highcharts

Highcharts(官网:http://www.highcharts.com/)是一个界面美观,时下非常流行的纯

JavaScript 图表库。它实际上由两个部分组成：Highcharts 和 Highstock。其中，Highcharts 能够很便捷地在 web 网站或 web 应用程序中添加可交互图表，并可免费用于个人学习、个人网站和其他非商业用途。目前 Highcharts 支持的图表类型有曲线图、区域图、柱状图、饼状图、散点图和一些综合图表。Highstock 可以为用户方便地建立股票图表或一般的时间轴图表。它提供先进的导航选项、预设的日期范围、日期选择器、滚动和平移等功能。

11．Leaflet

Leaflet(官网：http://leafletjs.com/)是一个可以同时良好运行于桌面和移动端的 JavaScript 可交互地图库。它使用 OpenStreetMap 的数据，并把可视化数据集中在一起。Leaflet 的内核库很小，但有丰富的插件，可以大幅拓展功能，常常用于需要展示地理位置的项目。

12．MetricsGraphics.js

MetricsGraphics.js12(官网：http://metricsgraphicsjs.org/)是一个基于 D3，为可视化和时间序列化的数据而优化的库。它提供了一种便捷的方法，用一致且响应式方式来产生相同类型的图形。它现在支持折线图、散点图、直方图、地毯图和基本的线性回归图。它体积非常小巧，通常可以控制在 60 KB 之内。

13．Sigma.js

Sigma.js13(官网：http://sigmajs.org/)是一个专注于图形绘制的 JavaScript 库。它可以让开发者轻松地在自己的 web 应用中发布网络图。它提供了很多设置项，使开发者可以自由地定义网络图的绘制方式。另外，它还提供了丰富的 API，如移动视图、刷新渲染、事件监听等都可以轻易实现，这让开发者可以在交互上进行更多的拓展。

9.2　物联网与前端开发

前端开发是指基于 web 页面、APP 等方式呈现给用户时，通过 HTML、CSS、JavaScript 以及衍生出来的各种技术、框架、解决方案，来构建互联网产品的用户交互界面。它从网页制作演变而来，名称上有很明显的时代特征。随着互联网技术的发展，网页更美观，交互效果更显著，功能更强大。尤其是移动互联网，带来了大量高性能的移动终端设备以及快速的无线网络，HTML5，Node.js 得到广泛应用，各类框架类库层出不穷。

物联网前端开发涉及的知识面广，需要结合前端、后台、硬件层的硬件设计、硬件层的软件等知识。前端开发工具层出不穷，JavaScript 被业界视为物联网应用层开发的主流选择。JavaScript 的优点是减少网络传输，拥有跨平台性，支持简单、方便操纵 HTML 对象，支持分布式运算。此外，JavaScript 是基于简单弱类型的语言，并且相对安全。

JavaScript 具有支持 HTTP 和 JSON、支持函数式编程、可提供交互式环境等特点，非常适合用于物联网全栈开发。JavaScript 可以用于开发各种原型软件及大部分的客户端软件。Node.js可以实现高并发的物联网应用，使用 Electron 开发桌面客户端，使用 React Native、Ionic 开发手机 APP，使用 Ruff、Tessel 开发硬件端的应用，编写微信小程序直接访问蓝牙设备，进行交互与数据传输。JavaScript 在嵌入式系统 Linux 上，可以制作 UI(用户界面)来加速开发。JavaScript 可以使单线程处理网络事件变得得心应手。JavaScript 已经跨界到物联网，受到物联网行业广泛的关注。当然，还有一些其他前端开发工具，具体介绍如下。

9.2.1　web 前端常用的开发工具

1. HTML

HTML 是一种用于创建网页的标准标记语言。

2. CSS

CSS(串联样式表)是一种用来为结构化文档添加样式的计算机语言。

3. JavaScript

JS(JavaScript)是一种解释执行的编程语言,代码逐句运行,不需要像编译语言经过编译器先行编译为机器码后再运行。

4. ES6

ES6(ECMAScript6)是新版本 JavaScript 语言的标准。

5. AJAX

AJAX 采用 JavaScript 执行异步网络请求,它的优点是在不重新加载整个页面的情况下,可以与服务器交换数据,并更新网页部分内容。

6. jQuery

jQuery 是一套跨浏览器的 JavaScript 库,简化 HTML 与 JavaScript 之间的操作。

7. React

React(React. js)是一个用于构建用户界面的 JavaScript 库。

8. RequireJS

RequireJS 是一个 JavaScript 模块加载器,使用 RequireJS 加载模块化脚本将提高代码的加载速度和质量。

9. AMD

AMD(asynchromous module definition)是 RequireJS 在推广过程中对模块定义的规范化产出,是一个在浏览器端模块化开发的规范。

10. Webpack

Webpack 是一个开源的前端打包工具,提供前端开发缺乏的模块化开发方式,将各种静态资源视为模块,并从中生成优化过的代码。

11. Gulp

Gulp(Gulp. js)是一个基于文件流的构建系统、部署代码的工具。开发者可以使用它在项目开发过程中自动执行常见的任务。

12. Grunt

Grunt(Grunt. js)是一个基于文件流的构建系统、部署代码的工具。开发者可以使用它在项目开发过程中自动执行常见的任务。

13. Bootstrap

Bootstrap 是一个用于快速开发 web 应用程序和网站的前端框架。

14. Amaze UI

Amaze UI 是跨屏的前端框架,是用于搭建 web 页面的 HTML、CSS、JavaScript 的工具集。

15. Flex

Flex(Flexible Box)意为弹性布局,用来为盒状模型提供最大的灵活性。

16. Vue

Vue(Vue.js)是一个用于创建用户界面的开源 JavaScript 框架,也是一个创建单页面应用的 web 应用框架。

9.2.2　物联网的前端开发

物联网的前端开发具有物联网行业特征,利用前端开发工具实现物理设备的虚拟化、数字化操作,主要包括传感器状态显示、执行器实时操作等内容。下面结合物联网应用场景,简单介绍一些前端开发过程。

1. 传感器实时显示

传感器实时显示的页面加载,需要向服务器发送请求,以获取实时数据。页面加载完成后,用户可以看到传感器的数值。一般来说,传感器数据实时显示,需要定时向服务器发送请求,请求成功后更新数据,渲染在页面上。具体步骤如下。

(1) HTML+CSS 实现页面布局。

(2) JavaScript 在页面上渲染数据。调试前,前端和后台之间约定好字段,用定义好的字段写一些测试数据(JSON 格式)。将测试数据写在 JSON 格式的文件中,然后请求本地 JSON 文件(测试数据),请求成功后,将获取的测试数据渲染至页面中,下列代码是一个 slist.json 文件。

```
{
    {"name":"温度",
    "value":36,
    "unit":"c",
    "src":"img/wd.png"
    }
    {"name":"湿度",
    "value":60,
    "unit":"r/RH",
    "src":"img/sd.png"
    }
}
```

页面数据请求成功后,将数据(传感器测试数据)渲染到页面上,如图 9-1 所示。

设备传感器状态

温度　　　　　　　　36℃
湿度　　　　　　　　60r/RH

图 9-1　传感器页面效果

(3) 数据成功操作后,接下来是刷新数据。这里可以采用定时器的方法,隔几秒钟请求一次服务器。调试时,可以写一些测试数据。下面代码是一个 slist11.json 的文件,设置了十秒请求一次 slist11.json,请求成功后更新页面的数值。

```
setTimeout(function()){
$.ajax({
    type:'POST',
    url:'slist11.json',
    dataType:'json',
    success:function(data){
    this.slists=data;
    this.slists=this.slists.slice(0,data.length);
    }.bind(this)
})
}.bind(this),10000);
```

完成上述操作,可以看到数值实时变化。为了方便调试,请求两个不同的文件,然后可以成功看到效果。与后台对接时,后台数据会实时发生变化,隔几秒钟请求时,每次返回的数据是不一样的,将数据渲染到页面后,用户可以看到传感器数据的实时更新。以上步骤都成功后,可以将接口换成后台接口,进行前后端联调。

2. 执行器按键管理

执行器按键管理主要是通过点击按键执行一个事件,步骤如下。

(1) 给按键绑定好事件,代码为

```
<input type="checkbox":id="clist.order"@ click="check(clist)">
```

(2) 点击按键,触发事件,向服务器发送请求。具体代码如下。

```
check(obj){//发送控制指令给后台
    var chk=$("#"+obj.order);
    var checked=chk.is(':checked');
    if(checked){
    $.ajax({
        type:'POST',
        url:'slist11.json',//后台接口
    dataType:'json',
        data:{
        data:obj.order//后台指令
        },
    Success:function(data){//请求成功后的回调函数
        }
        })
        }
    }
}
```

先判断这个按键是否为被选中的状态,当它被选中时,请求接口,并把指令传给这个接口,成功后就可以执行回调函数了。

3. 时序数据的图表化

如果用户想看到一段时间之内数据的变换，用图表化的方式解决这个问题是比较直观的。这里我们同样举一个示例。具体步骤如下。

（1）选择 Echarts 图表（https://echartsjs. apache. org/examples/zh/editor. html?c＝line-simple）。

（2）从官网拷贝以下代码（里面有静态数据），成功运行后的效果如图 9-2 所示。

```
option={
    xAxis:{
        type:'category',
        data:['Mon','Tue','Wed','Thu','Fri','Sat','Sun']
    },
    series:[{
        data:[820,932,901,934,1290,1330,1320],
        type:'line'
    }]
};
```

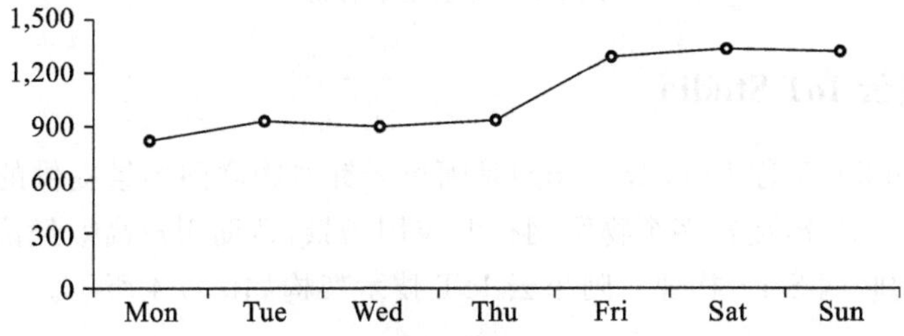

图 9-2　Echarts 图表

（3）把静态数据换成动态数据，先准备一份测试数据，如下所示。

```
{
"name":"维修",
"data":[100,95,110,134,120,120,110,200,145,122,115,122]
},
{
"name":"报修",
"data":[100,110,125,145,122,165,122,220,182,191,134,150]
}
```

成功请求本地 JSON 文件后，得到测试数据，将数据写入图表中，可以成功运行。若调试成功，则进一步把接口置换成后台接口，如图 9-3 所示。

```
axios.get('roomRepair.json').then(res=){
var mychart=echarts.init(document.getElementByID('echart3'));
for(var=i=0;i< res.data.length;i++){
    this.option3.series[i].name=res.data[i].name//名称
```

```
        this.option3.series[i].data=res.data[i].name//数据
}
mychart.setoption(this.option3);
}).catch(err=> ){
        console.log(err)
})
```

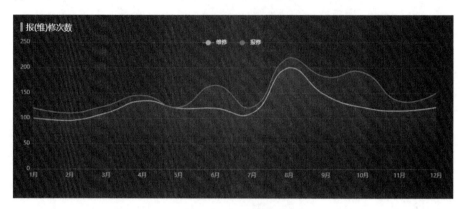

图 9-3　动态数据刷新

9.2.3　阿里云 IoT Studio

阿里云 IoT Studio(又称 Link Develop)是阿里云针对物联网场景提供的可视化工具,是阿里云物联网平台的一部分,覆盖多个物联网行业应用场景,帮助用户高效经济地完成设备、服务及应用开发,加速物联网 SaaS 构建。阿里云 IoT 技术架构如图 9-4 所示。

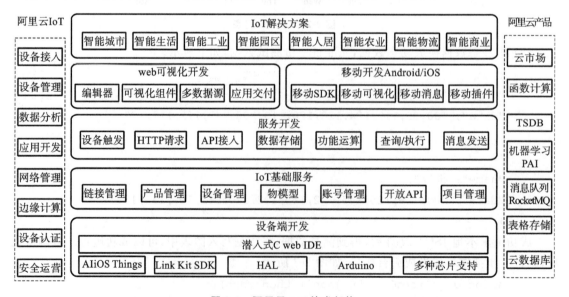

图 9-4　阿里云 IoT 技术架构

阿里云 IoT Studio 提供移动可视化开发工具、web 可视化开发工具、服务开发工具与设备开发工具等一系列便捷的物联网开发工具,解决物联网开发链路长、技术栈复杂、协同成本高、方案移植困难等问题。阿里云 IoT Studio 的技术特点如下。

1. 可视化搭建

阿里云 IoT Studio 提供可视化搭建能力,用户可以通过拖拽、配置操作,快速完成与设备数据监控相关的 web 页面、移动应用、API 服务的开发。用户可以专注于核心业务,从传统开发的烦琐细节中脱身,有效提升开发效率。

2. 与设备管理无缝集成

设备相关的属性、服务、事件等数据均可从物联网设备接入和管理模块中直接获取,阿里云 IoT Studio 与物联网云平台无缝打通,大大降低了物联网开发工作量。

3. 开发资源丰富

各开发平台均拥有数量众多的组件和丰富的 API。随着产品迭代升级,组件库会愈加丰富,阿里云 IoT Studio 帮助用户提升开发效率。

4. 无须部署

使用阿里云 IoT Studio,应用服务开发完毕后,直接托管在云服务器,支持直接预览、使用,无须部署即可交付使用,免除用户额外购买服务器等产品的烦恼。

5. DEMO 丰富

阿里云提供了丰富的案例,帮助用户了解物联网产品涉及。学习链接如下:https://yq. aliyun. com/articles/715797? spm=5176. 10695662. 1996646101. searchclickresult. 5968b41a3 moJgO。

web 可视化开发工作台是物联网应用开发(IoT Studio)中的工具。在 web 可视化开发工作台上,无须写代码,只需在编辑器中拖拽组件到画布上,再配置组件的显示样式、数据源及交互动作,以可视化的方式进行 web 应用开发。web 可视化开发工作台适用于开发状态监控面板、设备管理后台、设备数据分析报表等。

这里以农业生产场景为例,利用 web 可视化开发工作台搭建一个农业监控大屏,通过农业监控大屏实时展示各智能监控设备上报的数据,帮助用户随时了解温室内和温室外的温度、湿度、光照度、土壤水分等信息。通过这个实践过程,可以发现阿里云 IoT Studio 具有很多特点,如画布自适应、视频网页的嵌入、设备数据的展示、设备统计的展示、使用形状进行页面布局、效果预览等。详细设计过程如下。

第 1 步:登录阿里云控制台。

第 2 步:新建应用。

页面设置中,点击页面分辨率下拉框,选择"1920 * 1080"(常见宽屏比例)。在底部工具栏选中自适应,这样在预览和发布的应用中,就可以自适应屏幕大小。注意:鼠标点击画布任意非组件区域,即可做页面配置;页面分辨率一旦调整,所有新建的页面画布都遵循该分辨率;web 可视化编辑器暂时不支持自动保存,切记随时按 Ctrl+S 键保存一下。

第 3 步:添加页面背景色。

找到页面设置项的背景颜色,使用自定义颜色功能,输入颜色值。

第 4 步:整体布局。

拖拽矩形组件到画布中。拖动改变组件大小,满足区块要求。

第 5 步:配置各组件。

(1) 文本:将文字组件拖拽到画布上,在右侧操作栏中设置文字内容以及文字样式,最终调整到合理的位置。

（2）仪表盘：拖拽仪表盘组件到画布上。

（3）曲线图：拖拽曲线图组件，配置设备数据，选产品，选设备，设置设备历史属性，完成配置后，即可看到设备属性的实时曲线。

阿里云 IoT Studio 有很多的组件，包括图片组件、时间组件、URL 链接组件等，效果如图9-5所示。上述配置完成后，通过预览可以查看和验证应用页面，并点击"发布"，将应用发布到云端。

图 9-5　web 可视化开发效果

9.3　物联网与数据大屏

如今的数据可视化致力于用更生动、友好的形式，即时呈现隐藏在瞬息万变且庞杂的数据背后的业务洞察。数据可视化的价值体现在：通过图表展示业务的数字规律，通过数据驱动业务发展，通过预测分析洞察潜在价值，如图9-6所示。无论是在零售、物流、电力、水利、环保领域，还是在交通领域，通过交互式实时数据可视化大屏来帮助业务人员发现并诊断业务问题，都是大数据解决方案中不可或缺的一环。

9.3.1　数据可视化

数据可视化充分运用计算机图形学、图像、人机交互等，将采集、清洗、转换、处理过的符合标准和规范的数据映射为可识别的图形、图像、动画甚至视频，用户与数据进行可视化交互和分析。数据可视化可以丰富内容，引人注意，调动人的情绪，引起人的共鸣，传递文化和价值。可视化数据主要有三个特征：新颖而有趣、充实而高效、美感且悦目。

以大屏作为可视化数据的主要载体，原因在于：面积大，可展示的信息多，便于关键信息的共享、讨论及决策，在观感上给人留下震撼的印象，便于营造氛围、打造仪式感等。目前常用的场景有数据展示、监控预警、数据分析。大屏是我们用于分享、沟通、传播信息的有效途径之一。它将会进化成一种新的媒体形式，在品牌推广、政务接待、商业沟通、数据监控等各个场景发挥

图 9-6　数据可视化的价值

重要的作用。

　　相比于传统图表与数据仪表盘,数据可视化大屏可以打破数据隔离,通过数据采集、清洗、分析到直观且实时的数据可视化,即时呈现隐藏在瞬息万变且庞杂数据背后的业务洞察。通过交互式实时数据可视化大屏来实时监测企业数据,洞悉运营增长,助力智能高效决策。数据可视化大屏设计一般分为五个步骤,即获取数据源信息、结合目标分析和提炼数据、结合需求确定图表、基于数据制作图表、大屏效果优化,具体流程如图 9-7 所示。

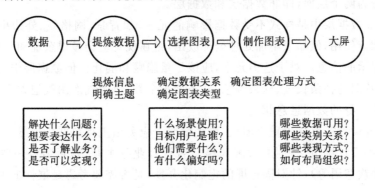

图 9-7　数据可视化流程

　　第一步,设计者要对数据进行分析,得出自己的结论。根据同样一份数据,采用不同的角度和思考方式,可能得出的观点很不一样。例如,同样都是关于销售额的数据,有人希望知道各地销售额对比,有人希望了解销售额排名前五的商品类型,拿来数据就画图会让设计显得杂乱无章,读者也不知道要读什么数据。

　　大屏设计前,需要和客户确认他们想要传达给目标用户的重点,这个重点是他们希望用户在读完这个大屏之后能够理解并记住的主要信息。很多公司错误地认为,把多个数据塞进一个大屏,可以帮助提高公司的专业度,实际上这只是显示出了它们有很多数据。试想一下,看大屏的人可能只会驻足在屏幕前一分钟,他们和大屏仅有的互动是快速扫过整张图,在这一分钟内,到底能记住多少信息,是设计者需要抓住的重点。

　　第二步,明确需要表达的信息和主题后,设计者需要根据这个信息的数据关系,决定采用何种图表类型,以及要对图表做何种特别处理。图表各式各样,有些图表很难界定是哪种关系。在确定了某个数据关系后,设计者可以根据该数据的使用场景,查找出相对应的图表和使用建议,并在其中进行选择,如图 9-8 所示。

数据关系	应用场景举例	适用图表类型
比较类	各类产品在同一天的销售额比较	柱状图 气泡图 堆叠面积图 矩形树图 雷达图 词云
分布类	员工的工资和学历之间是否存在关系	散点图 分布曲线图 气泡图
地图类	各个门店的用户热度	热力地图
占比类	日化类产品销售额占比	环形图 饼图 堆叠柱状图 矩形树图
区间类	目标销售额达标情况	仪表图 堆叠面积图
关联类	各手机品牌及其下属手机型号的销量信息	矩形树图
时间类	不同月份的销售额趋势	折线图 螺旋图 面积图

图 9-8　图表选型

第三步,在设计者确定了要使用哪些图表作图后,开始进入制作流程,影响最终图表展现效果的元素一般分为两个层面,即非数据层和数据层。

一般来说,非数据层中是样式不受数据影响的元素,如背景、网格线、外边框等。这类元素起到的是辅助阅读作用,但如果不加处理全部放出,则在视觉上会显得杂乱和不够简洁,干扰到设计者真正想展示的信息。对于这类元素,应该尽量隐藏和弱化。但数据层中是样式受数据影响的元素,如柱状图的柱条长度、柱条颜色、柱条展示个数,以及气泡图气泡大小等,这类元素的展示效果和图表本身的数据息息相关。

第四步,大屏设计需要突出重点图表,单表情况下应突出重点数据。当然,一个高水准的大屏,需要把控一些设计细节。例如:大屏风格是否符合业务主题;是否需要一些个性化的控件(如时间器、轮播欢迎语等);针对固定屏的定制化开发,是否需要考虑延展性的模块纵横栅格布局,以适配不同的屏;现场投放大屏后,内容是否方便阅读;动效是否符合预期,色差是否需要调整等。

9.3.2　数据可视化大屏产品

目前,国内 BAT 等互联网企业推出数据大屏的设计工具和产品,可以快速帮助用户完成一个数据可视化大屏作品。

1. 腾讯云图

腾讯云图(Tencent Cloud Visualization,TCV)是一站式数据可视化展示平台,旨在帮助用户快速通过可视化图表展示海量数据,10 分钟零门槛打造出专业大屏数据展示,数据可视化大屏展示效果如图 9-9 所示。腾讯云图的特点是:精心预设多种行业模板,极致展示数据魅力;采用拖拽式自由布局,无须编码,全图形化编辑,快速可视化制作;支持多种数据来源配置,支持数据实时同步更新;基于 web 页面渲染,可灵活投屏多种屏幕终端。

腾讯云图聚焦于大屏场景下的专业数据可视化展示,改变了传统数据可视化的流程,帮助用户快速通过可视化图表直接展示海量数据。

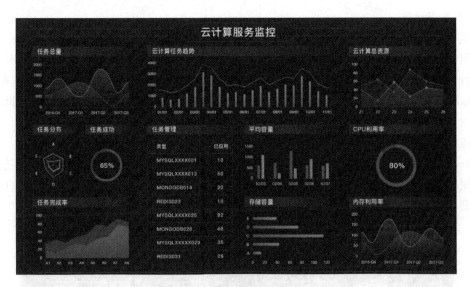

图 9-9　云计算数据可视化大屏

2. 阿里云 DataV

阿里云 DataV 是使用可视化大屏的方式来分析并展示庞杂数据的产品。阿里云 DataV 旨在让更多的人看到数据可视化的魅力,帮助非专业的工程师通过图形化的界面轻松搭建专业水准的可视化应用,满足人们会议展览、业务监控、风险预警、地理信息分析等多种业务的展示需求。

如图 9-10 所示,基于阿里云 DataV 技术展示智慧工厂中每个生产阶段的生产状态参数,整个车间或者流水线的作业情况,将数据汇聚到一个整体的调度控制中心,可以控制并且帮助管理人员了解每一个生产阶段的工作情况,潜在的流水线程序错误将最大限度地被避免,通过可视化的手段实现远程监控指挥。

图 9-10　智慧工厂数据可视化大屏

3．百度 Sugar

百度 Sugar 是百度云推出的敏捷 BI 和数据可视化平台，目标是解决报表和大屏的数据 BI 分析和可视化问题，解放数据可视化系统的开发人力。百度 Sugar 提供界面优美、体验良好的交互设计，通过拖拽图表组件可实现 5 分钟搭建数据可视化页面，并对数据进行快速的分析。百度 Sugar 具有可视化图表能力及强大的交互分析能力，企业可使用百度 Sugar 有效助力自己的业务决策。百度 Sugar 数字化大屏案例如图 9-11 所示。

百度 Sugar 支持直连多种数据源（Excel/CSV、MySQL、SQL Server、PostgreSQL、Oracle、Greenplum、Kylin、Hive、Spark SQL、Impala、Presto、Vertica 等），还可以通过 API、静态 JSON 方式绑定可视化图表的数据，简单灵活。大屏与报表的图表数据源可以复用，用户可以方便地为同一套数据搭建不同的展示形式。

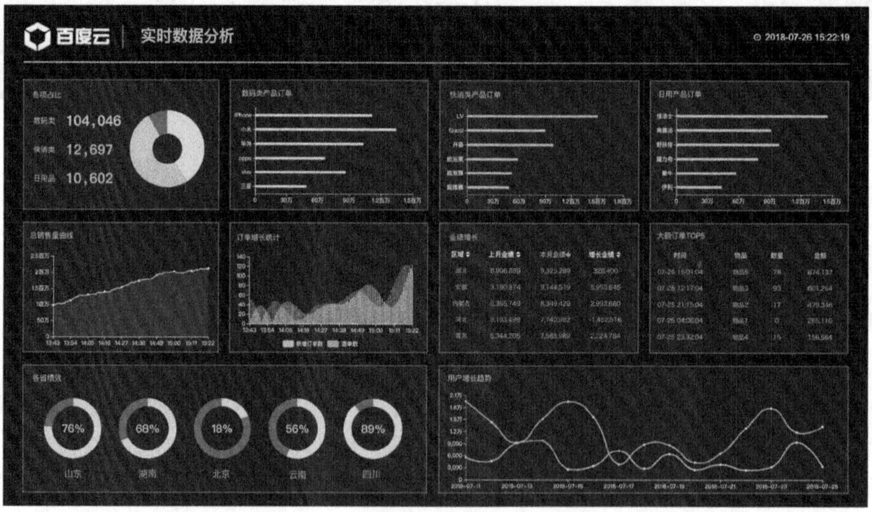

图 9-11　百度 Sugar 数字化大屏案例

9.3.3　建模工具 ThingJS

目前市面上通用的开发三维数据可视化的技术为 WebGL，一般用 Three.js 或者 Unity 来开发，但是 ThingJS 的技术团队基于 Three.js 这个 3D JS 库，开发出了一个更加简单的 JS 库并且命名为 ThingJS。正是由于 ThingJS 这个技术，ThingJS 平台得以诞生。那么，ThingJS 主要简便在哪个方面呢？相比于 Three.js，ThingJS 将复杂难操控的渲染直接封装成底层，同时将在三维数据可视化开发中需求非常多的功能整理成官方示例，这让人们在开发三维数据可视化场景时，甚至不需要去写代码，只需要去选择功能，然后修改代码，使得开发难度大减。那么，ThingJS 平台提供了多少个这样拿来就能用的官方示例呢？一共 159 个官方示例，甚至包含了 4 个完全公开源码的物联网可视化应用。

ThingJS 是国内优锘科技旗下的一个物联网可视化 PaaS 平台。ThingJS 有一系列简化物联网可视化开发难度的工具。在 CampusBuilder 园区搭建工具中，有着数千个可以直接免费使用的模型，同时模型库中有着 3W＋的模型，不仅如此，用户还可以使用 3ds Max 制作模型并且上传到模模搭中，或者上传其他模型（只要是标准模型都能够上传至模模搭），并且模模搭中也有相对应的编辑器，能够搭建出学校、工厂等场景，并且搭建好的场景保存后会在联网的情况下

自动同步到 ThingJS 平台中，用户就能够直接在 ThingJS 平台中开发该场景（官网：https://www.thingjs.com/guide/price）。

1. ThingJS 简介

ThingJS 是物联网可视化 PaaS 开发平台，帮助物联网开发商轻松集成 3D 可视化界面。ThingJS 名称源于物联网"Internet of Things"中的"Thing"（物），ThingJS 使用当今最热门的 JavaScript 语言进行开发。ThingJS 不仅可以针对单栋或多栋建筑组成的园区场景进行可视化开发，搭载丰富插件后，还可以针对地图级别的场景进行开发。ThingJS 广泛应用于数据中心、仓储、学校、医院、安防、预案等多个领域。

ThingJS 提供了 CityBuilder 和 CampusBuilder 两个关于三维场景搭建的工具。其中 CityBuilder 是城市搭建工具，用于直接制作城市建筑、河流、绿地等，并且还能无缝接入 CampusBuilder（模模搭）中搭建的园区或模型。不论是在三维场景制作上，还是在三维场景开发过程中，ThingJS 的专家们都对 ThingJS 进行了一系列的简化，同时也直接提供了相关文档、API 以及录制视频讲解如何使用 ThingJS 和相关工具等。

物联网分为感知及控制层、网络层、平台服务层、应用服务层，其中平台服务层和应用服务层涉及 3D 界面的开发，对大部分企业来说都有一定的挑战。ThingJS 可以极大地降低 3D 界面开发的成本。图 9-12 清晰地反映了 ThingJS 在物联网领域中的定位。

ThingJS 基于 HTML5 和 WebGL 技术，可方便地在主流浏览器上进行浏览和调试，支持 PC 和移动设备。ThingJS 为可视化应用提供了简单、丰富的功能，只需要具有基本的 JavaScript 开发经验即可上手。

ThingJS 提供了场景加载、分层级浏览，对象访问、搜索以及对象的多种控制方式和丰富的效果展示方式，可以通过绑定事件进行各种交互操作，还提供了摄像机视角控制、点线面效果、温湿度云图、界面数据展示、粒子效果等各种可视化功能。

ThingJS 提供以下相关组件和工具供用户使用。

（1）CityBuilder：聚焦城市的 3D 地图搭建工具，打造 3D 城市地图。

（2）CamBuilder：简单、好用、免费的 3D 场景搭建工具。

（3）ThingPano：全景图制作工具，轻松制作并开发全景图应用，实现 3D 宏观场景和全景微观场景的无缝融合。

（4）ThingDepot：上万种模型、数十个行业，自主挑选，一次制作多次复用。

ThingJS 的目标很明确，即帮助物联网开发商轻松集成 3D 可视化界面。也就是说，学习 ThingJS 是为了更快地去开发 3D 可视化项目，大体来说都能归纳成一个开发工具，但是 ThingJS 除了是工具还是一个 PaaS 平台。什么是 PaaS 平台？专门提供服务、能够让人使用的时候更加简单的平台。目前，ThingJS 是唯一一个物联网真正意义上的可视化中 PaaS 平台。

2. 开发流程

1）场景搭建

下载并使用 CamBuilder 3D 场景搭建工具，上传参考图，通过鼠标拖拽模型即可快速搭建 3D 仿真场景。CamBuilder 支持 CAD 图纸智能识别，自动生成室内结构，场景搭建效率更高。ThingDepot 模型库提供了工业、化工、粮仓、港口等多个行业数千款模型，不懂 3D 建模也能制作仿真场景。

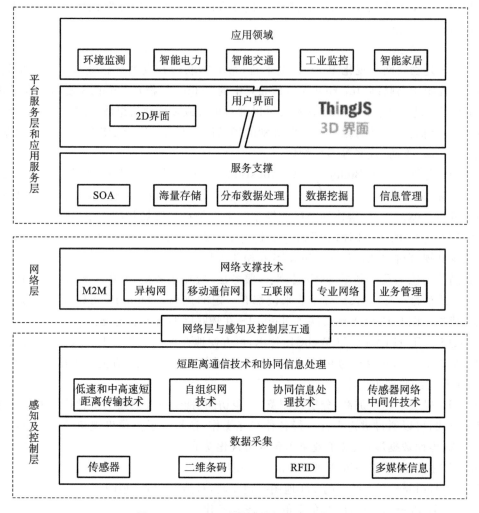

图 9-12 ThingJS 在物联网领域中的定位

2）应用开发

CamBuilder 保存场景实时同步到 ThingJS 平台，修改场景与应用开发无缝衔接，如图 9-13 所示。另外，ThingJS 提供了丰富的 3D 开发 API、完善的开发文档和视频教程，熟悉基础的 JavaScript、HTML＋CSS 等前端知识即可上手 ThingJS 开发。

3）数据对接

ThingJS 平台支持 AJAX、JSONP、WebSocket 等数据对接形式，轻松实现 3D 场景与业务数据对接。ThingJS 3D 场景还支持与 Echart、DataV 等可视化图表工具无缝对接，如图 9-14 所示。

4）项目部署

ThingJS 平台项目支持在线部署与离线部署。在线部署项目时，项目代码部署在 ThingJS 平台，用户通过 ThingJS 平台提供的 URL 访问；离线部署项目时，项目所有资源打包部署在用户服务器上，用户通过访问自己的服务器地址访问项目。

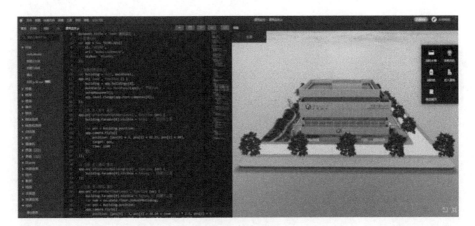

图 9-13 应用开发

图 9-14 数据对接

第10章
物联网云平台

物联网云平台根据功能可以分为 CMP(connectivity management platform)、DMP(device management platform)、AEP(application enablement platform)和 BAP(business analytics platform)等四个子平台。很多互联网公司一般各自拥有擅长的领域和独特的优势,很难涵盖四个子平台。

CMP 为连接管理平台,一般运用于运营商网络上,具体来说连接的是物联网 SIM 卡。该平台可以实现物联网连接配置和故障管理、保证终端联网通道稳定、网络资源用量管理、连接资费管理、账单管理、套餐变更等功能。

DMP 为设备管理平台,主要实现对物联网终端进行远程监控、设置调整、软件升级、故障排查等一系列等功能,并通过提供开放的 API 帮助客户进行系统集成和增值功能开发。可以认为 DMP 主要面向设备的开、关、停等基本状态的控制,或实时的物联网设备警告等不涉及物联网上层应用场景的设备管理。

AEP 为业务数据平台。该逻辑层是结合了上层的应用场景,为开发者提供成套应用开发工具(SDK)、中间件、数据存储、业务逻辑引擎、第三方 API 等。可将 AEP 理解为结合应用场景的系统开发平台。随着企业在行业中对业务经验、所涉及技术的持续积累,平台的竞争力将逐渐从连接能力转移到平台多场景化的业务能力。

BAP 为业务分析平台。该逻辑层包含大数据服务和机器学习两个主要功能,旨在对汇集在云平台的数据进行分析、处理,并实现数据可视化。而机器学习是对沉淀在平台上的结构化和非结构化数据进行训练,形成具有预测性的、认知的或复杂的业务分析逻辑。而未来,机器学习必然将向人工智能过渡。从数据累计量、人工智能技术的发展程度等角度考虑,目前还没有哪个企业的业务可以达到这一层级。

10.1 物联网云平台概述

物联网是一个多元化生态系统,如果没有统一的集成基础,这个生态系统就会变得支离破碎、无法统一。因此,物联网云平台为所有联网设备提供一个强大的汇聚点,并提供数据收集和处理功能,统一数据通信协议和格式,提供一套标准的 API,为数据分析提供一个强大的数据引擎。物联网云平台系统结构如图 10-1 所示。

10.1.1 物联网云平台的意义

物联网云平台是物理设备与用户之间的数据桥梁,打通设备生产与使用的整个链路,降低设备和平台间的关联度,减少开发工作量。对于企业而言,物联网云平台可以实现供应链上下游的集成,实现不同层级的信息畅通,包括设备信息与管理信息的畅通,包括产品在不同生命周期信息的集成,设备信息与设备供应商信息的集成。此外,物联网云平台具有较强的拓展性、较好的远程数据交付能力、较好的数据安全性以及较好的成本效益等,具有明显的技术优势。

1. 可扩展性

物联网系统在互联网云端的优势明显,容易扩展。一般来说,系统内部架构复杂,扩展时需要购买更多的硬件,并加大配置力度,以使系统正常运行;而在基于云的物联网系统中,添加新资源,即租赁一台虚拟服务器或更多的云空间,通常都具有快速实施的优势。随着设备接入量的增减,物联网云平台具有很强的拓展性和灵活性。

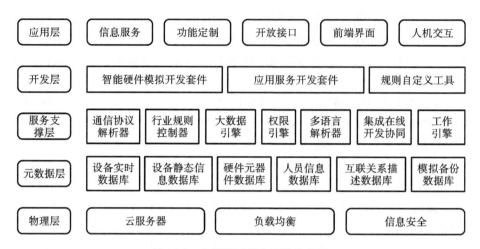

图 10-1 物联网云平台系统结构图

2．数据管理

数据存储在云服务器时，几乎可以在世界任何地方访问它，这意味着它不会受到任何基础设施或网络限制的约束。对于涉及实时监控和管理联网设备的物联网项目来说，数据远程管理能力尤其重要。

3．安全性

自物联网诞生以来，安全一直是物联网界关注的一个重要问题。如果是一台内部服务器，则数据的安全性取决于企业内部的安全措施。可以理解的是，某些组织可能不愿意放弃对敏感数据的控制并将敏感数据传递给外部方，但事实上云存储模式比保存在内部服务器更为安全。目前，国内外云服务厂商提供的安全服务产品可避免重大安全漏洞。

4．成本效益

内部构建物联网系统，初期的大量投资以及实施能力都存在较大的风险。硬件维护和人员投入也不容小视。不过从云的角度来看，显著降低的前期成本和基于实际使用的灵活定价方案推动物联网企业向云转移。在这种商业模式下，成本更容易预测，不必为硬件故障而烦恼。

10.1.2 物联网云平台的设计思路

物联网云平台为设备提供安全可靠的连接通信能力，向下连接海量设备，支撑设备数据采集上云；向上提供云服务器 API，服务端通过调用云服务器 API，将指令下发至设备端，实现远程控制。物联网云平台提供数据增值能力，如设备管理、规则引擎等，为各类物联网场景和行业开发者赋能。物联网云平台系统拓扑图如图 10-2 所示。

1．设备接入

物联网云平台支持海量设备连接上云，设备与物联网云平台之间通过消息代理服务器进行稳定、可靠的双向通信；支持设备端 SDK、驱动器、软件包等，帮助不同设备、网关轻松接入云平台；支持 2G/3G/4G、NB-IoT、LoRaWAN、WiFi 等不同网络设备接入方案，消除企业异构网络设备接入管理痛点；支持 MQTT、CoAP、HTTP/S 等多种协议的设备端 SDK，既满足长连接的实时性需求，也满足短连接的低功耗需求。

2．设备管理

物联网云平台提供完整的设备生命周期管理功能，支持设备注册、功能定义、数据解析、在

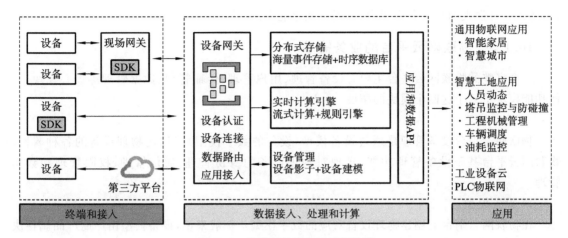

图 10-2　物联网云平台系统拓扑图

线调试、远程配置、固件升级、远程维护、实时监控、分组管理、设备删除等功能。物联网云平台提供设备物模型,简化应用开发;提供设备上下线变更通知服务,方便实时获取设备状态信息;提供数据存储功能,方便用户海量设备数据的存储及实时访问;支持 OTA 升级,赋能设备远程升级;提供设备影子缓存机制,将设备与应用解耦,消除不稳定无线网络下的通信不可靠痛点。

3. 安全能力

物联网云平台提供多重防护,有效保障设备和云服务器数据的安全。它支持设备身份认证机制和安全通信机制。其中,在设备身份认证机制方面,采用芯片级安全存储方案(ID^2)及设备密钥安全管理机制,防止设备密钥被破解;或者采用一机一密的设备认证机制,降低设备被攻破的安全风险。或者采用一型一密的设备预烧机制,认证时动态获取设备证书(ProductKey、DeviceName 和 DeviceSecret),适合批量生产时无法将设备证书烧入每个设备的情况。

在安全通信机制方面,采用 TLS(MQTT/HTTP)、DTLS(CoAP)等形式的数据传输通道,保证数据的机密性和完整性,适用于硬件资源充足、对功耗不是很敏感的设备;设备权限采用分级分组管理模式,保障设备与云服务器安全通信,并且设备通信实行消息隔离,以防止设备越权等问题。

4. 规则引擎

物联网云平台的规则引擎具有消息订阅、数据流转、数据存储、场景联动等功能。其中,消息订阅实现物联网云平台获取设备端的数据接收,物联网云平台根据数据流转规则,将指定主题的消息内容流转到目的地。数据流转形式如下。

(1) 将数据转发至另一个设备,实现设备与设备之间的通信,实现设备联动。

(2) 将数据转发到转发到其他消息服务(message service)、消息队列(RocketMQ)中,保障设备数据的稳定可靠性。

(3) 将数据转发到表格存储(table store),提供设备数据采集＋结构化存储的联合方案。

(4) 将数据转发到云数据库(RDS)中,提供设备数据采集＋关系数据库存储的联合方案。

(5) 将数据转发到 DataHub 中,提供设备数据采集＋大数据计算的联合方案。

(6) 将数据转发到时序数据库(TSDB),提供设备数据采集＋时序数据库存储的联合方案。

(7) 将数据转发到函数计算中,提供设备数据采集＋事件计算的联合方案。

此外,物联网云平台除了需要有通信能力、设备管理能力、存储能力、安全保证能力等能力外,还需要有强大的数据分析能力、数据可视化能力。

10.1.3 物联网云平台的业务需求

一个完整的物联网云平台主要有设备管理、用户管理、传输管理、数据管理等核心模块,其他功能模块是基于这四个模块的拓展。

1. 设备管理

物联网云平台设备管理是通过设备模型(设备的数字模型)来描述物理设备的各种属性。物联网云平台基于设备管理功能,实现对物理设备的身份管理、通信管理、权限管理和数据管理。

1)设备模型

在物联网云平台上创建物理设备对应的数字模型。一般来说,设备模型由厂商产品属性决定,由开发者在物联网云平台上创建设备属性、设备规格等。设备模型建立后,用户可以基于该模型创建虚拟设备(后称设备影子),从而建立真实设备与虚拟设备的数字映射关系。

2)设备影子

设备影子在设备模型的基础上创建,是真实设备的数字孪生。设备影子具有唯一性,它的设备编号是真实设备在物联网云平台上独一无二的身份信息。

3)真实设备

每个真实设备在物联网云平台上有唯一的虚拟身份,且每个设备需要有一个唯一的标志,必须定义设备类型。设备被用户激活后,使用权归属于用户,用户对设备有完全的控制权,可以设定设备管理权限,控制设备的接入权限,管理设备的在线、离线状态,管理设备的在线升级,管理设备注册、删除、禁用等功能。

2. 传输管理

通信能力是设备联网的基本功能,需要确定好通信协议,物联网云平台与设备才能正常通信。物联网设备有多种网络接入方案,如 2G、3G、4G、NB-IoT、LoRa 等通信方式。物联网云平台须提供设备端 SDK,提供一定的 SDK 源代码,提供设备影子缓存机制,将设备与应用解耦。

物联网设备有两种模式实现与云平台的通信:一种是直连型模式,通过 GPRS、WiFi 或者有线等方式,实现互联网连接;另一种是网关型模式,如 ZigBee、蓝牙等节点设备,需要借助汇聚转发型的网关,实现互联网连接。

设备采用不同方式联网,物联网云平台需要考虑设备间的数据关系。例如,直连型设备数据库设计,只需要关联底层传感器或执行器的属性;而网关子设备需要考虑同一个网关下有多个子设备,且每个子设备存在不同的传感器和执行器属性等问题。

3. 用户管理

在物联网云平台中一个很重要的观念——组织。所有设备、用户、数据都是基于组织进行管理的,设备制造商是一个组织,设备使用者是一个组织或家庭。用户由基于一个组织下的人员构成,每个组织下面都有管理员角色,管理员可以为所服务的组织添加不同的用户,并分配每个用户不同的权限。一个用户也可以属于多个不同的组织,并且扮演不同的角色。一组用户,也是基于组织的用户组管理,相同的用户组拥有同等权限。基于组织的权限管理,是针对对象级别的权限细分。例如:在设备浏览权限中,是否允许每个用户看到指定设备;在设备数据浏览权限中,是否可以查看设备的运行数据。

大部分物联网云平台存在三类角色,超级管理员、企业管理员和个人用户。

1)超级管理员

超级管理员即开发者角色,拥有云平台所有权限以及功能。超级管理员可以创建企业管理员以及个人用户,创建场景以及模型、设备,控制所有设备,还能对角色分配权限,对所有用户进行管理。超级管理员是物联网云平台中最重要的角色,密码一定要设置得复杂,并考虑安全问题。

2)企业管理员

物联网系统以企业为单位,企业管理员可以创建下一级的个人用户,也可以创建模型,添加设备;可以管理自己创建的个人用户,也可以控制自己创建的设备。一般企业管理员由超级管理员创建。

3)个人用户

个人用户由用户自行注册,当然也可以由企业管理员创建。个人用户绑定设备后,可以控制设备。个人用户不能创建模型。

4. 数据管理

数据管理是较为复杂的,它包括数据的通信协议、通信格式、解析机制、数据存储、数据流转等多个方面的内容。

1)通信协议

前面已经介绍过的 MQTT 协议,包括 CoAP 协议,逐渐成为行业的主流。

2)通信格式

数据通信尽量标准化,常见的标准化方式有两种:一种是采用自定义的字符串;另一种是采用基于 JSON 格式的数据传输标准。我们需要考虑平台及项目的标准性、通用性、便捷性等多个方面,均衡各方利弊来选择。

3)解析机制

解析机制与通信格式这两个概念的关联性很大。若物联网云平台定义的标准数据格式为 JSON,对于低配置且资源受限或者对网络流量有要求的设备,不适合直接构造 JSON 数据与物联网云平台通信,可将原数据透传到物联网云平台。物联网云平台提供数据解析功能,实现数据自定义格式与 JSON 格式之间的灵活转换。

4)数据存储

物联网云平台有三大数据类型,其中:用户、设备、群组管理等数据,采用关系数据库进行存储;设备状态采集、日志信息,采用时序数据库进行存储;实时统计和分析时,采用 Redsi 等内存数据库技术,提升数据读写和计算效率。

5)数据流转

在许多场景中,需要将设备上报给物联网云平台的数据进行加工处理或用于业务应用。物联网云平台需要提供服务端的订阅功能或云产品流转功能,实现设备数据流转,如图 10-3 所示。一般来说,数据流转主要有两种方式。

一种是基于规则流转,通过设定数据过滤条件,制定流转规则,对满足条件的数据进行存储处理。

另一种是消息转发,通过 AMQP 或消息服务(MNS)客户端直接获取设备消息。这种方式的优点是可快速地获取设备消息,无消息过滤和转换能力,功能较为单一,但简单易用且高效。

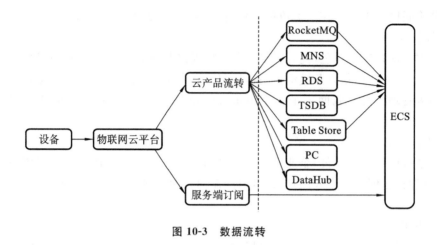

图 10-3　数据流转

10.2　技　术　选　型

10.2.1　开发工具

Java 语言的生态环境良好,中间件较为丰富,且作为一种面向对象的编程语言,Java 语言不仅吸收了 C++语言的各种优点,还摒弃了 C++语言里难以理解的"多继承""针"等概念,因此 Java 语言凭借具有功能强大和简单易用两个特征成为静态面向对象编程语言的代表。Java 语言极好地实现了面向对象理论,允许程序员以优雅的思维方式进行复杂的编程。

框架选择也较为重要,这里推荐的是目前流行的框架——Spring Boot 框架。

Spring Boot 框架是一个全新开源的轻量级框架,不仅继承了 Spring 框架原有的优秀特性,而且通过简化配置进一步简化了 Spring 框架应用的整个搭建和开发过程。另外,Spring Boot 框架通过集成大量的框架使得依赖包的版本冲突,以及引用的不稳定性等问题得到了很好的解决。Spring Boot 框架的特点是:内嵌 Tomcat 或 Jetty 等 Servlet 容器;提供自动配置的 "starter"项目对象模型(POMS)以简化配置;尽可能自动配置 Spring 容器;提供准备好的特性,如指标、健康检查和外部化配置;不用生成代码,不需要配置 XML 文件。

10.2.2　核心组件

1. 消息中间件

本次开发采用百度的物联网消息中间件(又称百度物接入)。它提供面向物联网领域开发者的全托管云服务,通过主流的物联网协议(如 MQTT 协议)实现通信,可以在智能设备与云服务器之间建立安全的双向连接,快速实现物联网项目。物接入分为设备型(原物管理)和数据型两种。设备型适用于基于设备的物联网场景,数据型适用于基于数据流的物联网场景。

2. 时序数据库

本次开发采用百度智能云时序数据库 TSDB 存储设备的各种状态信息。百度智能云时序数据库是一种存储和管理时序数据的专业数据库,为时序数据的存储提供高性能读写、低成本存储、强计算能力和多生态支持的多种能力。时序数据库不仅可以轻松存储海量数据点,还可以对这些数据进行快速查询并做可视化展示,帮助企业管理者分析数据。

3. 规则引擎

规则引擎并不是一个全新的概念,在传统软件业中已经有相关的产品。在传统商业管理软件中,由于市场要求业务规则变化频繁,IT 系统必须依据业务规则的变化而快速、低成本地更新。为了达到该目的,要求业务人员能够直接管理 IT 系统中的规则而不需要开发人员的参与,这是规则引擎曾经在传统软件中的功能。

规则引擎通过灵活地设定规则,将设备传入云服务器的数据送往不同的数据目的地(如时序数据库、Kafka、对象存储 BOS 等),以达到不同的业务目标。

4. MySQL 数据库

MySQL 数据库是一款面向公众的、免费的、开源的数据库,由于使用 MySQL 数据库会节约大量成本,并且具有高效性、便捷性,越来越多的创业型中小型公司开始选择 MySQL 数据库作为公司架构的数据库。

MySQL 数据库属于传统的关系数据库,是支持高并发和多线程的数据库,具有操作简单、访问高效、存储可靠等优点。MySQL 数据库开放式的架构使得用户的选择性很强,而且随着技术的逐渐成熟,MySQL 数据库支持的功能越来越多,性能在不断地提高,对平台的支持也在增多。此外,社区的开发与维护人数也很多。

10.2.3 其他功能组件

1. 数据可视化组件

Echarts 是百度商业前端数据可视化团队推出的一个商业级数据图表,是基于 HTML5 Canvas,使用 JavaScript 实现的开源可视化库,可以流畅地运行在 PC 和移动设备上,兼容当前绝大部分浏览器(IE8/9/10/11,Chrome,Firefox,Safari 等),底层依赖轻量级的矢量图形库 ZRender,提供直观、交互丰富、可高度个性化定制的数据可视化图表。它有以下几点特性。

1)丰富的可视化类型

它提供非常炫酷的图形界面,内含折线图(区域图)、柱状图(条状图)、散点图(气泡图)、K线图、饼图(环形图)、雷达图(填充雷达图)、和弦图、力导向布局图、地图、仪表盘、漏斗图、事件河流图等 12 类图表。除了已经内置的丰富功能的图表,ECharts 还提供了自定义系列,只需要传入一个 renderItem 函数,就可以由数据映射到任何想要的图形。

2)无须转换数据格式

ECharts 内置的 dataset 属性(4.0+)支持直接传入包括二维表、key-value 等多种格式的数据源,通过简单地设置 encode 属性,就可以完成从数据到图形的映射,这种方式更符合可视化的直觉,省去了大部分场景下数据转换的步骤,而且多个组件能够共享一份数据而不用克隆。为了配合大数据量的展现,ECharts 还支持输入 TypedArray 格式的数据,TypedArray 在大数据量的存储中可以占用更少的内存,对 GC 友好等特性也可以大幅度提升可视化应用的性能。

3)移动端也可以完美展示

ECharts 针对移动端交互做了细致的优化。例如,移动端小屏上适于用手指在坐标系中进行缩放、平移。PC 端也可以用鼠标在图中进行缩放(用鼠标滚轮)、平移等。细粒度的模块化和打包机制可以让 ECharts 在移动端拥有很小的体积,可选的 SVG 渲染模块让移动端的内存占用不再"捉襟见肘"。

4) 多种渲染方案

ECharts 支持以 Canvas、SVG(4.0+)、VML 的形式渲染图表。VML 可以兼容低版本 IE,SVG 使得移动端不再为内存担忧,Canvas 可以轻松应对大数据量和特效的展现。不同的渲染方式提供了更多的选择,使得 ECharts 在各种场景下都有更好的表现。除了 PC 端和移动端的浏览器,ECharts 还能在 node 上配合 node-canvas 进行高效的服务端渲染(SSR)。

5) 动态数据

ECharts 由数据驱动,数据的改变驱动图表展现的改变。因此,动态数据的实现也变得非常简单。只需要获取数据,填入数据,ECharts 会找到两组数据之间的差异,然后通过合适的动画去表现数据的变化。ECharts 配合 timeline 组件能够在更高的时间维度上去表现数据的信息。Echarts 提供了基于 WebGL 的 ECharts GL,用户可以像使用 ECharts 一样轻松地使用 ECharts GL 绘制出三维的地球、建筑群、人口分布的柱状图。在这基础上,ECharts 还提供了不同层级的画面配置项,通过几行配置就能得到绚丽的画面。

2. 百度地图组件

百度地图 JavaScript API 是一套由 JavaScript 语言编写的应用程序接口,可帮助用户在网站中构建功能丰富、交互性强的地图应用,支持 PC 端和移动端基于浏览器的地图应用开发,且支持 HTML5 特性的地图开发。百度地图 JavaScript API 支持 HTTP 和 HTTPS,免费对外开放,可直接使用,使用无次数限制。它有以下七大功能。

(1) GPS、WiFi、基站融合定位,完美支持各类应用开发者对位置获取的诉求。

(2) 提供手机端、PC 端、智能穿戴设备的地图展示,在多个行业场景中还可以配置个性化地图、丰富的地图覆盖物效果以及交互能力。

(3) 百度鹰眼轨迹服务可以实现全球海量轨迹追踪。

(4) 百度智能路线规划服务可以提供更精准的路线选择和耗时预测,支持驾车、跨城公交、骑行、步行多种智能出行方式,满足用车、物流、外卖、旅游、交通等各行业个性化路线诉求。

(5) 借助百度地图专业导航,开发者可在应用中轻松实现高效、精准的驾车、步行、骑行导航。

(6) 百度地图路况服务有分钟级更新的全国实时路况展示,帮助用户合理规划出行。

(7) 百度位置数据搜索服务可以让用户获取海量 POI、行政区划、推荐上车点、时区等多类地理数据,可以与用户的业务充分结合。

3. 百度鹰眼组件

百度鹰眼轨迹服务是是一套轨迹管理服务,追踪用户所管理的车辆/人员等运动物体。基于鹰眼提供的接口和云服务器服务,开发者可以迅速构建完整、精准且高性能的轨迹管理系统。该系统将鹰眼和百度地图结合,设备上报坐标信息到鹰眼服务器,再利用百度地图的功能把这些上报的坐标都显示出来,支持轨迹回放、历史坐标查询等功能,利用这两个技术实现对设备定位功能后,可以使工厂或者生产者企业能很方便地知道自己的产品的地点,方便对设备的维修检测,以及之后如果大量设备接入平台后,也可以利用这些坐标数据来利用大数据判断全国哪些地方适合使用、销量好,给企业带来一定的效益。

10.3　开 发 流 程

本系统将物联网云平台分为认证服务器、消息代理服务器、web 服务器和数据处理服务器，各功能模块如图 10-4 所示。

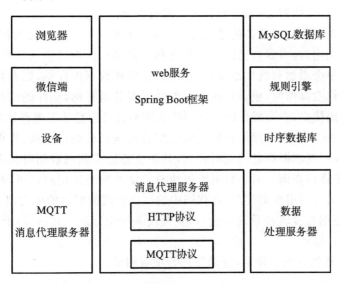

图 10-4　物联网云平台功能模块

web 服务器的主要功能是响应用户通过浏览器发送的请求，主要由 Spring Boot 框架自带得 Tomcat 实现，启动启动类即可启动 web 服务器。系统中，Spring Boot 框架是系统的核心，数据存储板块使用 MySQL 数据库和时序数据库，服务器消息处理转发使用规则引擎以及百度物接入，设备连接平台使用的技术有百度物接入、t-io 框架，设备的定位技术使用的是百度地图以及百度鹰眼，数据可视化使用 Echarts。

消息代理服务器负责接收用户页面端发送的控制请求，并把请求命令使用 HTTP 协议发回服务端，再通过 MQTT 协议转发到远程硬件设备。消息代理服务器主要用的是百度物接入（结合 Spring Boot 框架使用）。

数据处理服务器负责服务器数据存储，以及 web 服务器读取时序数据库中用户设备历史数据的请求，主要使用的是百度的时序数据库、规则引擎和 MySQL 数据库。

认证服务器主要用于设备快速配置系统，主要用到 Spring Boot 框架和 t-io 框架，以及 MySQL 数据库。认证服务器采用 t-io 框架进行开发。t-io 框架是一个网络框架，目前提供 HTTP 和 WebSocket 两种连接方式。当然也可以使用其他框架进行开发，但是必须保证可以即时通信，即设备可以随时调用。使用 t-io 框架开发一个服务端，然后放到服务器上一直运行，等待设备调用即可。

web 服务器是物联网云平台的核心，用于将整个服务端连接起来。设备在最开始连入物联网云平台时使用认证服务器，通过 web 服务器使用数据处理服务器的接口，从数据库里查询出认证信息，拿到数据后与系统连接，再向消息代理服务器上报下发数据，消息代理服务器再将所有实时数据、历史数据通过 web 服务器转发到数据处理服务器，数据处理服务器将数据存储在

MySQL 数据库或时序数据库中。

系统开发时,首先将数据库创建好,将所有需要的实体类关系梳理好后,建库创表。接下来,开始搭建 Spring Boot 框架。先将 Java 等环境配置好,再创建 Spring Boot 框架,将所有的包导入项目后,基础工作就完成了。

用户模块的开发涉及登录、注册、退出、编辑、管理用户等业务。本系统使用 Shiro 安全框架控制用户的登录退出、控制 session 和管理权限设置等。

设备模块的开发主要包括设备的增删改查业务。我们可以参考百度物接入进行开发,根据百度物接入的接口调用,再根据自己的需要开发相应的接口。在开发这些接口时需要注意,添加接口的开发分为单个添加和批量添加,在存储时需要在数据库存储,以及将调用接口存储在百度云物接入中。修改操作时,也需要在数据库和云服务器存储,删除的时候也需要在数据库以及百度云删除调用接口,查询操作时也需要将查询的设备信息状态等存储在数据库中以便其他板块调用。在本系统中,查询操作和轮询机制配合每隔几秒查询一次,将设备的实时数据存储到数据库中,这样可以掌握设备的实时数据,其他业务需要调用数据时只需要从数据库中查询,不用通过百度云接口查询。时序数据库板块只需要开发查询接口即可,根据时序数据库文档提供的接口按照格式调用查询接口,在代码中拼接成前端能展示的格式即可。地图板块只需要开发查询功能,根据百度轨迹系统的接口,查询设备的坐标返回到前端,配合百度地图的 JS,就可以将设备的坐标显示。

完成 web 服务器的开发工作后,还需要进行项目测试。

10.3.1　开发环境部署

这里简单介绍开发环境的部署。准备好一台服务器 CentOS7 的系统,安装 Java 环境。

1. 查看 yum 源的 Java 包

```
yum list java*
```

java package list.png

图 10-5　部署开发环境

2. 安装 java1.8 jdk 软件

```
yum-y install java-1.8.0-openjdk
```

3. 查看版本,检测是否安装成功

```
java
java-version
```

10.3.2　中间件部署

本系统中采用了另一个消息中间件,用于设备认证。它是采用 t-io 框架搭建的,使用的方式也是 jar 包运行,使用与 web 服务器相同的数据库。中间件部署还包括 MQTT 消息代理服务器部署、时序数据库部署等工作,前面已经介绍,这里不再赘述。

10.3.3　应用服务器

本项目使用 idea 进行编辑,采用 jar 包运行,如图 10-5 所示,点击 idea 右下角的 maven 按钮,然后依次点击 clean、compile、 package，最后将项目复制到服务器上，使用命令"nohup java-jar XXX.jar &"即可运行项目。

　　系统后台管理的工作流程如图 10-6 所示。用户进入后台管理页面，可以创建设备模型，根据自己的需要填写好属性，创建成功之后可在设备模型列表中查看到。在已创建的模型基础上可以进一步创建设备影子。在设备详情页面，用户可以查看到设备的实时状态，以及在线控制一些属性的期望值。用户还可以自己选择时间段来查看在该段时间设备的历史状态。在后台首页，用户可以查到设备的位置信息，查看该设备一段时间内的轨迹路线。admin 用户有管理用户的功能，如授权等。

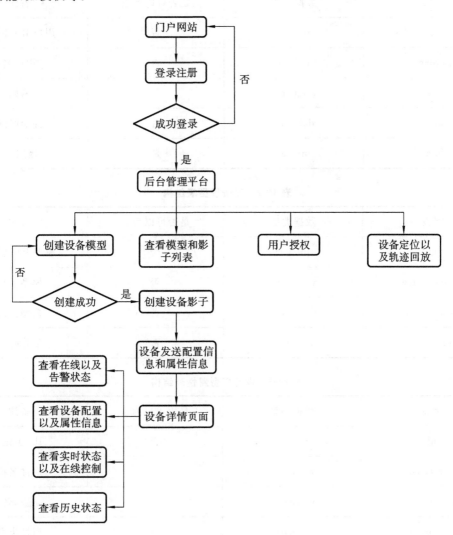

图 10-6　物联网云平台后台功能

10.3.4　数据库设计

　　本系统中的数据库主要用于存储用户信息、设备的配置信息、设备的历史数据、设备状态信息等。像用户的个人信息、设备的配置信息，以及一些实时数据等，可以用 MySQL 数据库进行存储；设备的历史数据用时序数据库进行存储。用户的个人信息、设备的配置信息，以及一些实时数据,可以通过一系列外键关联存储在 MySQL 中。

在所有角色中,超级管理员是最高层角色,可以查看所有数据,可以修改和操作所有用户,以及所有设备;企业管理员绑定在超级管理员下,企业管理员的数据都可以被超级管理员查看以及修改;个人用户绑定在企业管理员下,数据可以被企业管理员修改和查看。数据表详细设计如表 10-1～表 10-5 所示。

表 10-1 用户表结构

字段	数据类型	是否可以为空	备注
id	integer	否	用户 ID(主键)
username	varchar()	否	用户名
password	varchar()	否	密码
createtime	datetime	否	注册时间
oid	integer	是	上级用户 ID

表 10-2 设备模型表结构

字段	数据类型	是否可以为空	备注
id	integer	否	模型 ID(主键)
schemaname	varchar()	否	模型名称
description	varchar()	否	模型描述
createtime	datetime	否	创建时间

表 10-3 设备模型属性表结构

字段	数据类型	是否可以为空	备注
id	integer	否	ID(主键)
propertyname	varchar()	否	属性名称
displayname	varchar()	否	显示名
schemaproperty	varchar()	否	属性类型
schemaid	integer	否	模型 ID

表 10-4 设备表结构

字段	数据类型	是否可以为空	备注
id	integer	否	设备 ID(主键)

续表

字段	数据类型	是否可以为空	备注
devicename	varchar()	否	设备名称
description	varchar()	否	设备描述
createtime	datetime	否	创建时间
sslendpoint	varchar()	否	连接配置
state	varchar()	否	设备状态
schemaid	integer	否	关联的模型 ID
userid	integer	否	用户 ID

表 10-5 设备属性表结构

字段	数据类型	是否可以为空	备注
id	integer	否	ID(主键)
desiredvalue	varchar()	否	期望值
reportedvalue	varchar()	否	上报值
attributename	varchar()	否	属性名
type	varchar()	否	属性类型
desiredtime	datetime	否	下发时间
reportedtime	datetime	否	上报时间
deviceid	Integer	否	设备 ID

10.3.5 接口开发

1. 软硬件通信接口

物联网云平台开发时,建议采用消息中间件。基于 MQTT 协议,实现设备与物联网云平台、设备与用户之间的双向数据流通。一般来说,硬件通信较为常见的方式是采用 TCP/IP 协议。但随着应用层协议越来越丰富,资源消耗较少、使用方式较为简单的协议越来越受到物联网云平台的青睐。

通过消息中间件实现状态数据的交换,即消息的发布与订阅。其中,消息发布可以理解为设备向服务器推送消息;消息订阅可以简单地认为是服务器向设备推送指令。设备影子通信时的数据内容(见图 10-7)描述如下。

```
{
    "name": "test",    //设备名称
    "id": "098f6bcd4621d373cade4e832627b4f6",    //设备ID
    "description": "测试设备",                    //设备描述
    "state": "online",                        //设备状态，online/offline/unknown
    "templateId": "123456",                  //设备模板ID
    "templatedName": "TestTemplate",         //设备模板名称
    "createTime": 1494904250,              //创建时间
    "lastActiveTime": 149490300,           //最后一次设备影子(reported)更新时间
    "attributes": {
        "region": "Shanghai"            //设备Tag
    },
    "device": {                         //设备影子
        "reported": {
            "firewareVersion": "1.0.0",
            "light": "green"
        },
        "desired": {
            "light": "red"
        },
        "lastUpdatedTime": {
            "reported": {
                "firewareVersion": 1494904250,
                "light": 1494904250
            },
            "desired": {
                "light": 1494904250
            }
        },
        "profileVersion": 10
    }
}
```

图 10-7   设备影子通信时的数据内容

1）设备状态更新

当设备需要将状态信息推送到云服务器，采用主题"＄baidu/物联网/shadow/{deviceName}/update"。

示例：

```
pub $baidu/物联网/shadow/myDeviceName/update
{
    "requestId":"{requestId}",
    "reported":{
        "memoryFree":"32MB",
        "light":"green"
    },
```

```
        "desired":{
            "rotate":100
        },
        "profileVersion":5,
        "lastUpdatedTime":{
            "reported":{
                "light":1494904250
            },
            "desired":{
                "rotate":1494904250
            }
        }
    }
```

①"requestId"为请求的唯一标识符,每一个请求的"requestId"是唯一的,可随机生成。

②"reported"为可选字段,代表物影子中设备上报的最新状态。服务端通过 MQTT 或 HTTP 从"reported"字段中拿到物影子的最新状态。

③"desired"为可选字段,代表控制端期望设备变换到的目标状态。设备端通过 MQTT 从 "desired"字段中拿到某个属性的期望值(如"light":"red"),就收到了控制端期望执行的操作, 硬件即可执行相关操作。硬件执行相关操作后,应该把对应的值上报到"reported"字段上。用 户可以通过判断"repoeted"与"desired"的差别来判断是否反控成功。

④"profileVersion"为可选字段,当未指定"profileVersion"时,物接入接收设备影子更新请 求后,会将"profileVersion"自动加 1;若指定了"profileVersion",则物接入会检查请求中的 "profileVersion"是否大于当前的"profileVersion"。只有在大于的情况下,物接入才会接受设 备端的请求,更新设备影子,并将"profileVersion"更新到相应的版本。

⑤"lastUpdatedTime"为可选字段,"lastUpdatedTime. reported"和"lastUpdatedTime. desired"中的时间表示属性("reported"和"desired")的更新时间,如果没有相应字段,则更新时 间由系统时间决定。注意:只有当相应位置的属性键值对存在于本次请求中,且请求更新时间 为非负整数(毫秒为单位)时,相应的时间更新才有效,无效的更新时间会被替换为系统时间。 此外,若本次请求中属性的更新时间早于系统中该属性已存储的更新时间,则该属性的本次更 新时间判断为过时,不予更新。

一般来说,更新设备影子适用于两种应用场景。一种是设备同步状态到物接入服务。设备 在状态发生变化时,将实时的状态同步到物接入服务,包括状态的自动变化以及设备反控后状 态的变化。更新设备状态,通常更新"reported"字段中的相关属性。对于反控后更新状态,设 备可以用实时状态同时更新该属性的"reported"和"desired"中的值。

另一种是通过 MQTT 协议反控设备状态。如果需要通过 MQTT 协议反控设备属性,可 以通过更新"desired"字段实现。当物影子接收到"desired"相关属性的更新后,会比较设备影子 中"reported"和"desired"相关字段,将比较结果发送到 delta 主题。设备端通过订阅 delta 主 题,可将设备状态同步到"desired"的状态。状态反控后,更新设备影子,使"reported"和 "desired"的值一致。物影子对设备的反控请参考通过设备影子控制设备状态。

2）设备实时控制

用户通过操作云服务器的设备影子，实现真实设备状态的控制；通过 MQTT 协议更新设备影子中的"desired"字段，达到反控设备的目的。物影子在接收到"desired"字段更新后，会比较"reported"和"desired"之间的差异，并将比较结果发送到主题"＄baidu/物联网/shadow/{deviceName}/delta"。

例如，当前"reported"中的"light"字段为"green"，控制端将"desired"字段中的"light"字段更新为"red"，此时物影子会通过 delta 主题反控设备。

```
sub $baidu/物联网/shadow/myDeviceName/delta
{
    "requestId":"{requestId}",
    "desired":{
        "light":"red"
    }
}
```

若设备更新状态失败，则可将相关错误信息发送到物影子：

```
pub $baidu/物联网/shadow/myDeviceName/delta/rejected
{
    "requestId":"{requestId}",
    "code":"{errorCode}",
    "message":"{errorMessage}"
}
```

2. 数据存储接口

将设备上报的数据以及状态存储到数据库中，需要调用 MQTT 订阅接口，设备上报数据存储到数据库中，实时数据存储在内存数据库中。设备只需按指定数据格式上报，消息中间件上的数据可以通过规则引擎存入时序数据库中，历史数据将从时序数据库查询获取。用户和设备常用 API 如表 10-6 所示。

表 10-6　用户和设备常用 API

接口	接口功能	请求接口	请求方式
用户接口	用户注册	/register	POST
	用户登录	/login	POST
	用户退出	/logout	GET
	修改用户信息	/edit	POST
设备接口	创建模型	/baiduschema/add	POST
	创建设备	/device/add	POST
	修改模型	/baiduschema/edit	POST
	修改设备	/device/edit	POST
	删除模型	/baiduschema/delete	POST
	删除设备	/device/delete	POST

1）注册接口

请求接口为/register，调用方应统一使用 POST 发起请求，发送格式为 JSON 格式。注册请求参数如表 10-7 所示。

表 10-7　注册请求参数

参数名称	类型	必填	描述
username	string	是	用户名
password	string	是	密码
phone	string	是	手机号

请求格式为

`{"username":"xxx","password":"xxxx","phone":"13111111111"}`

响应结果，请求成功返回结果：

`{"success":true}`

请求失败返回结果：

`{"success":false}`

2）登录接口

请求接口为/login，调用方应统一使用 POST 发起请求，发送格式为 JSON 格式。登录请求参数如表 10-8 所示。

表 10-8　登录请求参数

参数名称	类型	必填	描述
username	string	是	用户名
password	string	是	密码

请求格式为

`{"username":"xxx","password":"xxxx"}`

响应结果，请求成功返回结果：

`{"success":true}`

请求失败返回结果：

`{"success":false}`

3）退出接口

请求接口为/logout，调用方应统一使用 GET 发起请求，发送格式为 JSON 格式。

请求格式为

`/logout 直接调用`

响应结果，请求成功返回结果：

`{"success":true}`

请求失败返回结果：

`{"success":false}`

4）修改用户接口

请求接口为/edit，调用方应统一使用 POST 发起请求，发送格式为 JSON 格式。修改用户请求参数如表 10-9 所示。

表 10-9　修改用户请求参数

参数名称	类型	必填	描述
username	string	是	用户名
password	string	是	密码
phone	string	是	电话

请求格式为

{"username":"xxx","password":"xxxx","phone":"xxxxxxxxxx"}

响应结果，请求成功返回结果：

{"success":true}

请求失败返回结果：

{"success":false}

5）创建模型接口

请求接口为/baiduschema/add，调用方应统一使用 POST 发起请求，发送格式为 JSON 格式。创建模型请求参数如表 10-10 所示。

表 10-10　创建模型请求参数

参数名称	类型	必填	描述
shcemaname	string	是	模型名
description	string	是	描述
propertyname	string	是	属性名
propertytype	string	是	属性类型
propertydesc	string	是	属性描述

请求格式为

{data:{"schemaname":"xx",

"description":"xxxx",

"baidu":

{["propertyname":"xxx","propertytype":"xxx","propertydesc":"xxx"]}}}

响应结果，请求成功返回结果：

{"success":true}

请求失败返回结果：

{"success":false}

6）修改模型接口

请求接口为/baiduschema/edit，调用方应统一使用 POST 发起请求，发送格式为 JSON 格式。修改模型请求参数如表 10-11 所示。

表 10-11　修改模型请求参数

参数名称	类型	必填	描述
shcemaname	string	是	模型名
description	string	是	描述

请求格式为

```
{data:{"schemaname":"xx",
"description":"xxxx"
}}
```

响应结果,请求成功返回结果:

```
{"success":true}
```

请求失败返回结果:

```
{"success":false}
```

7）删除模型接口

请求接口为/baiduschema/delete,调用方应统一使用 POST 发起请求,发送格式为 JSON
格式。删除模型请求参数如表 10-12 所示。

表 10-12　删除模型请求参数

参数名称	类型	必填	描述
shcemaid	integer	是	模型 ID

请求格式为

```
{"schemaid":1111
}
```

响应结果,请求成功返回结果:

```
{"success":true}
```

请求失败返回结果:

```
{"success":false}
```

8）创建设备接口

请求接口为/device/add,调用方应统一使用 POST 发起请求,发送格式为 JSON 格式。创
建设备请求参数如表 10-13 所示。

表 10-13　创建设备请求参数

参数名称	类型	必填	描述
devicename	string	是	设备名
description	string	是	描述
shemaid	integer	是	模型 ID

请求格式为

```
{data:{"schemaname":"xx",
"description":"xxxx","shemaid":1111
}}
```

响应结果,请求成功返回结果:

```
{"success":true}
```

请求失败返回结果:

```
{"success":false}
```

9) 修改设备接口

请求接口为/device/edit,调用方应统一使用 POST 发起请求,发送格式为 JSON 格式。修改设备请求参数如表 10-14 所示。

表 10-14　修改设备请求参数

参数名称	类型	必填	描述
devicename	string	是	设备名
description	string	是	描述
deviceid	integer	是	设备 ID

请求格式为

```
{data:{"schemaname":"xx",
"description":"xxxx","deviceid":111
}}
```

响应结果,请求成功返回结果:

```
{"success":true}
```

请求失败返回结果:

```
{"success":false}
```

10) 删除设备接口

请求接口为/device/delete,调用方应统一使用 POST 发起请求,发送格式为 JSON 格式。删除设备请求参数如表 10-15 所示。

表 10-15　删除设备请求参数

参数名称	类型	必填	描述
deviceid	integer	是	模型 ID

请求格式:

```
{"deviceid":1111111}
```

响应结果,请求成功返回结果:

```
{"success":true}
```

请求失败返回结果:

```
{"success":false}
```

11) 时序数据库接口（增删改查）

请求接口为/device/tsdpopen，调用方应统一使用 POST 发起请求，发送格式为 JSON 格式。

12) 时序历史数据查询接口

时序历史数据查询请求参数如表 10-16 所示。

表 10-16　时序历史数据查询请求参数

参数名称	类型	必填	描述
deviceid	integer	是	设备 ID
propertyid	integer	是	属性 ID

请求格式为

```
{data:{"deviceid":11111,"propertyid":1111
}}
```

响应结果，请求成功返回结果：

```
{"success":true,
"values":[
            [1465718968506,10],
            [1465718985346,12],
            [1465718992879,15]
        ]},
```

请求失败返回结果：

```
{"success":false}
```

3. 前后台交互接口

前台与后台交互一般只需要用 AJAX，利用 POST 或者 GET 请求进行交互。例如，查找设备的接口，请求接口为/device/searchdevice，调用方应统一使用 POST 发起请求，发送格式为 JSON 格式，请求参数如表 10-17 所示。

表 10-17　历史数据请求参数（一）

参数名称	类型	必填	描述
devicename	string	是	设备名

请求格式为

```
{data:{"devicename":11111
}}
```

响应结果，请求成功返回结果：

```
{"success":true,data:{"devicename":"xxxx","deviceid":xxxx}}
```

请求失败返回结果：

```
{"success":false}
```

4. API 开放接口

云平台与第三方应用进行数据对接时，需要开放一些外部的接口提供调用服务，如提供控制接口给微信端进行调用,微信端通过调用接口可以在微信上操作自己的设备。这些开放接口需要考虑跨域的问题。本系统开放了一些外部接口供调用,如移动端调试接口、设备控制接口等。例如,请求接口为/device/controll,调用方应统一使用 POST 发起请求,发送格式为 JSON格式,请求参数如表 10-18 所示。

表 10-18　历史数据请求参数(二)

参数名称	类型	必填	描述
deviceid	integer	是	设备 ID
propertyid	integer	是	属性 ID
propertyvalue	string	是	属性值

请求格式为

{data:{"deviceid":11111,"propertyid":1111,"propertyvalue":"open"
}}

响应结果,请求成功返回结果:

{"success":true}

请求失败返回结果:

{"success":false}

此外,本系统中主要使用 Spring Boot 框架,API 要求返回的格式是 application/JSON,我们知道网页返回的格式一般是 text/html,因此,Spring Boot 框架为写接口提供了两种实现方式:类注解和方法注解。

(1)类注解:我们只需要在类上写上注解"@RestController",那么此"Controller"返回格式就都是 text/JSON。

(2)方法注解:我们只需要在某个方法上写上注解"@ResponseBody",那么该方法返回格式就是 text/JSON。

请求方式如下:

@RequestMapping

在 RequestMapping 的源码中提到,这种支持任意请求方式,类似于自适应。

@GetMapping

客户端只能用 GET 方式请求,适用于查询数据。

10.4　系　统　测　试

物联网云平台测试工作非常重要。除了前后端的功能交互外,更多需要考虑的是数据并发引起的一些问题,如通信压力、存储压力、系统安全等。

10.4.1　客户端模拟测试

在应用服务器上创建"设备模型""设备属性"后,进一步添加"设备影子",通过 MQTT.fx软件模拟设备与服务器之间的消息通信。

1. 打开 MQTT. fx

选择 MQTT. fx 上的"设置"图标,如图 10-8 所示,点击弹出的对话框口左下角的"添加"
图标。

图 10-8 MQTT. fx

2. MQTT. fx 配置

按照如图 10-9 所示的设置填写相应字段。

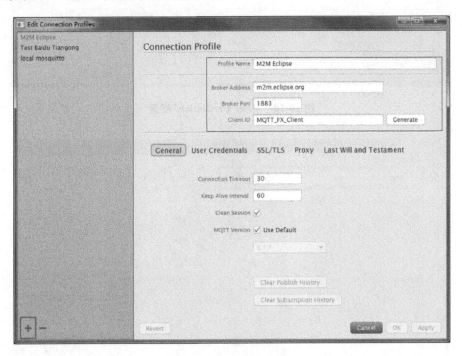

图 10-9 MQTT. fx 配置

其中,"Profile Name"表示设备名称;"Broker Address"是消息代理服务器的 IP 地址;
"Broker Port"是消息代理服务器的端口号;"Client ID"是创建的设备影子 ID 编号。选择"User
Credentials"选项卡,并正确填写设备影子的账号和密钥,如图 10-10 所示。其中,"User Name"
是设备影子的连接账号,"Password"是设备影子的连接密钥。同时需要选择"SSL/TLS"选项
卡,勾上"Enable SSL/TLS",并选择"CA signed server certificate"。

3. 消息订阅与发布

回到 MQTT. fx 对话框,然后点击"Connect"按钮。连接状态变绿,说明连接上了百度智能
云天工物联网平台的物接入服务,如图 10-11 所示。

单击"Subscribe"选项卡,然后在编辑框中输入消息主题。图 10-12 订阅了"demoTopic"主

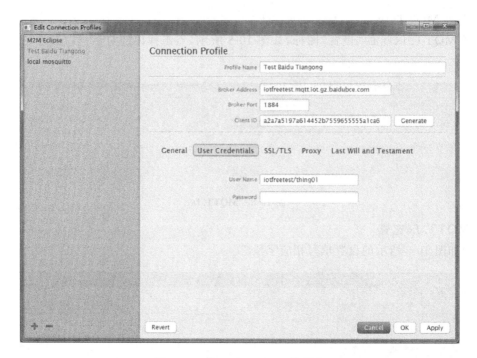

图 10-10 "User Credentials"配置

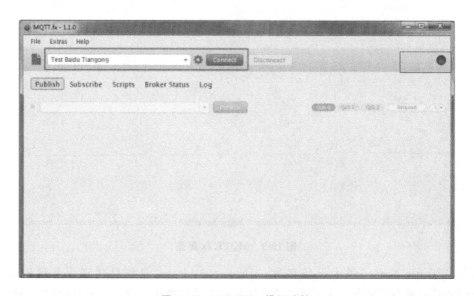

图 10-11 MQTT.fx 模拟连接

题消息。"Subscribe"按钮变灰表示监听"demoTopic"这个主题成功。选择"Publish"选项卡,用户可以基于某个主题向消息代理服务器发布消息。

10.4.2 硬件连接测试

物联网设备连入物联网云平台时,设备端需要具有与互联网通信的能力,同时支持 MQTT 协议。这里采用的通信模组是 FireBeetle Board-ESP32。它是一款专为物联网设计的

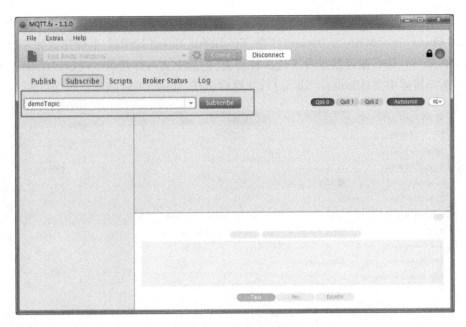

图 10-12　消息订阅与发布

低功耗微控制器。它采用乐鑫的 ESP32 芯片，集 WiFi、蓝牙、MCU 于一体，采用超低功耗外围硬件设计，支持 USB 及锂电池供电，支持板载锂电池充电，编程方式完全兼容 Arduino IDE 编程等功能，帮助快速搭建物联网云平台，省去外围硬件的搭建。FireBeetle Board-ESP32 模组如图10-13所示。

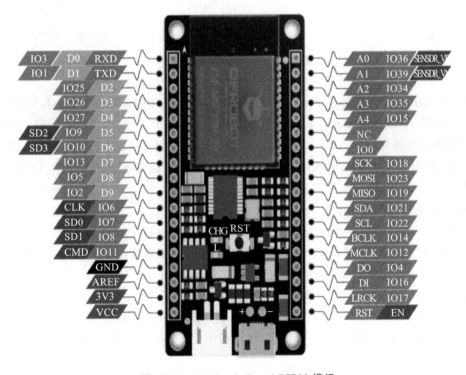

图 10-13　FireBeetle Board-ESP32 模组

这里采用 Arduino IDE 编译器进行软件开发及调试。Arduino IDE 编译器下载链接是 http://arduino.cc/en/Main/Software(注意:FireBeetle Board-ESP32 主板建议使用 1.8.0 以上版本)。Arduino IDE 编译器本身支持多种语言(包括中文),打开 Fire→Preferences→Editor language,选择简体中文(Chinese(China)),并重启 IDE,如图 10-14 所示。

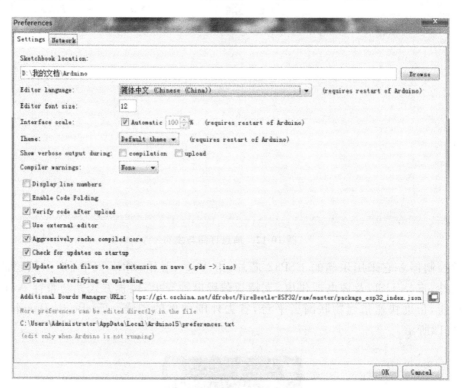

图 10-14 Arduino IDE 编译器

1. 安装 FireBeetle Board-ESP32 开发板核心库

Arduino IDE 编译器安装包中不包含 FireBeetle-ESP32 开发板核心库,开发板管理器支持手动安装 FireBeetle Board-ESP32 开发板核心库。打开文件→首选项,如图 10-15 所示,在开发板管理器中添加网址"http://download.dfrobot.top/FireBeetle/package_esp32_index.json"(上述网址有可能会失效,导致板卡下载失败。若板卡下载失败,则可以前往 DF 官方 WIKI 教程查看 FireBeetle ESP32-Board 教程)。

2. 编译器连接 FireBeetle Board-ESP32

正确安装完成 Arduino IDE 编译器和 FireBeetle Board-ESP32 开发板核心库后,即可将 FireBeetle Board-ESP32 通过 USB 数据线连接至计算机。正确连接时 FireBeetleBoard-ESP32 的 CHG 电源指示灯会闪烁(锂电池供电查询)。

3. 在 Arduino IDE 编译器中编程

Arduino IDE 编译器安装完成后,运行软件,打开编程窗口,如图 10-16 所示。用户可以在这个窗口里编辑并上传代码到 Arduino 开发板上,或是使用内置的串口监视器与开发板通信。

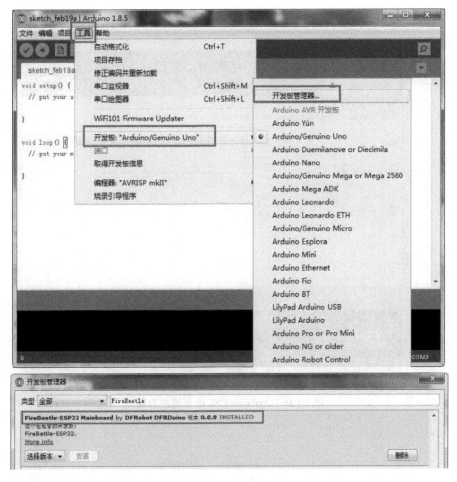

图 10-15　开发板核心库

4. 上传代码至 FireBeetle Board-ESP32 主板

打开文件,编辑代码,在上传之前,应该首先确认代码中没有错误。点击"编译"确认。等待几秒,若没有错误,则会在信息窗口显示"编译完成",表示编译成功。

编译成功后,选择工具→开发板→FireBeetle-ESP32,并根据 STEP4 中显示的 FireBeetle Board-ESP32 所占用的端口号,选择"COM∗"作为通信端口。

在 Arduino IDE 编译器中,点击"Sketch"→"Include Library"→"Manage Libraries…",安装"ESP8266WiFi"、"PubSubClient"和"TaskScheduler"三个库。

5. 物联网云平台创建影子身份

登录物联网云平台,创建"设备模型""设备属性"后;进一步添加"设备影子",获取配置信息,如图 10-17 所示。

6. 消息代码

使用 Arduino IDE 编译器打开"TestESP8266.ino"文件,修改"WiFi_SSID"和"WiFi_PASSWORD"两个变量的值,把这两个变量设置成开发板能访问的 WiFi 的名称和密码。

图 10-16　Arduino IDE 编译器主界面

```
*************************配置 MQTT 服务*************************

const char* IOT_ENDPOINT    = "iotfreetest.mqtt.iot.gz.baidubce.com";

const char* IOT_USERNAME    = "iotfreetest/thing01";

const char* IOT_KEY         = "YU7Tov8zFW+WuaLx9s9I3MKyclie9SGDuuNkI6o9LXo=";

const char* IOT_TOPIC       = "demoTopic";

const char* IOT_CLIENT_ID = "abdsaeiferfc";

*************************************************************
```

图 10-17　设备影子的联网信息

```
#include <TaskScheduler.h>
#include <PubSubClient.h>
#include <ESP8266WiFi.h>
#include <Arduino.h>
const char*  WiFi_SSID     ="物联网";               //WiFi 的账号
const char*  WiFi_PASSWORD ="物联网 123456";         //WiFi 的密码
* * * * * * * * * * * * * 配置 MQTT 服务* * * * * * * * * * * * *
const char*  物联网_ENDPOINT   ="物联网 freetest.MQTT.物联网.gz.baidubce.
```

```
com";
    const char* 物联网_USERNAME  ="物联网 freetest/thing01";
    const char* 物联网_KEY        ="YU7Tov8zFW+ WuaLx9s9I3MKyclie9SGDuuNk
l6o9LXo=";
    const char* 物联网_TOPIC      ="demoTopic";
    const char* 物联网_CLIENT_ID ="abdsaeiferfc";
    * * * * * * * * * * * * * * * * * * * * * * * * * * * * * * * * * *
    void MQTT_callback(char* topic,byte* payload,unsigned int length){
      byte *end=payload+ length;
      for(byte *p=payload;p <end;++p){
        Serial.print(*((const char * )p));
      }
      Serial.println("");
    }
    WiFiClientSecure client;
    PubSubClient MQTTclient(物联网_ENDPOINT,1884,&MQTT_callback,client);
    void ticker_handler(){
      if(!MQTTclient.connected()){
        Serial.print(F("MQTT state:"));
        Serial.println(MQTTclient.state());
        String clientid {物联网_CLIENT_ID+ String{random(10000)}};
        if(MQTTclient.connect(clientid.c_str(),物联网_USERNAME,物联网_KEY)){
          Serial.print(F("MQTT Connected.Client id="));
          Serial.println(clientid.c_str());
          MQTTclient.subscribe(物联网_TOPIC);
        }
      } else {
        static int counter=0;
        String buffer {"MQTT message from Arduino:"+ String{counter++}};
        MQTTclient.publish(物联网_TOPIC,buffer.c_str());
      }
    }
    Task schedule_task(5000,TASK_FOREVER,&ticker_handler);
    Scheduler runner;
    void connect_WiFi(){
      WiFi.begin(WiFi_SSID,WiFi_PASSWORD);

      while(WiFi.status()! =WL_CONNECTED){
        delay(500);
```

```
    Serial.print(".");
  }
  Serial.print("\nWiFi connected to ");
  Serial.println(WiFi_SSID);
  Serial.print("IP address:");
  Serial.println(WiFi.localIP());
}
void setup(){
  Serial.begin(74880);
  while(! Serial);
  randomSeed(analogRead(0));
  connect_WiFi();
  runner.init();
  runner.addTask(schedule_task);
  schedule_task.enable();
}
void loop(){
  MQTTclient.loop();
  runner.execute();
}
```

打开 Arduino IDE 编译器,点击"Tools"→"Serial Monitor",观察输出的字符,可以看到开发板连接上了 WiFi,然后连上了百度智能云天工物接入服务,然后开始打印收到的字符串。

10.4.3　软件交互测试

下面简单介绍系统中几个应用界面。

1. 注册登录功能的实现

登录门户网站,进行用户注册,注册成功后,输入用户名、密码和验证码,输入正确就可以成功登录。

2. 创建设备模型功能的实现

以 admin 用户为例,成功登录平台后,可进入后台管理界面,如图 10-18 所示。

admin 用户可以创建设备模型。创建设备模型界面如图 10-19 所示。在该界面需要用户输入模型名称,选择是否 GPS,再根据用户自身需要,动态渲染属性的个数。输入完成提交后,用户可以在设备模型列表中查看刚创建好的模型。

3. 创建设备影子功能的实现

admin 用户创建好设备模型后就可以创建设备影子了。创建设备影子界面如图 10-20 所示。

4. 设备详情的实现

在设备详情界面,用户可以看到设备在线状态以及是否处于告警状态,如图 10-21 所示,如果该设备处于告警状态,则用户点击告警按钮就会清除告警。

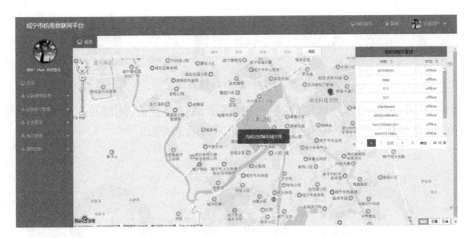

图 10-18　后台管理界面

图 10-19　创建设备模型界面

图 10-20　创建设备影子界面

图 10-21　设备详情界面

在仪表盘界面,可以把用户绑定的三个属性展示到仪表盘上,同时可以看到该设备所有属性的当前值,以及对执行器进行一个在线控制,如图 10-22 所示。

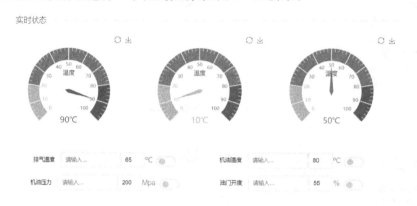

图 10-22　仪表盘界面

在历史数据界面,用户还可以查看到一段时间内该设备所有属性或者单个属性的历史状态,如图 10-23 所示。

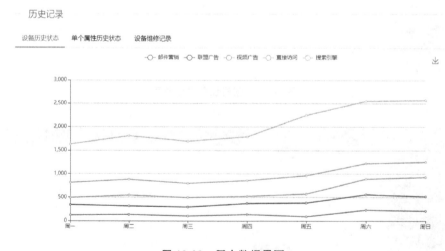

图 10-23　历史数据界面

用户可以在联网配置界面查看到该设备的联网配置信息和属性信息,如图 10-24 所示。

10.4.4　数据库压力测试

为了真实地模拟数据库存取,测试选用用户注册来测试效率,由此来模拟数据库真实存入,测试结果如表 10-19 所示。

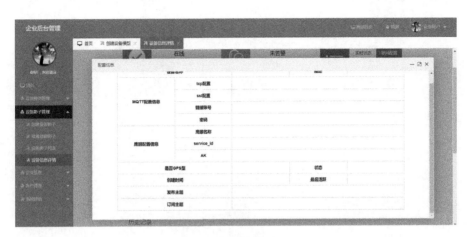

图 10-24　联网配置界面

表 10-19　数据库测试表

插入总数据量/条	100	200	300	1 000
总耗时/秒	4.1	8.4	12.2	42.3
平均耗时/秒	0.041	0.042	0.040 6	0.042 3

由此可见,并发数从 100 条到 1 000 条,每次存储所消耗的时间在 0.04 秒左右。所以,在并发的情况下,数据库基本能承受压力,数据库的性能较强。

10.4.5　安全测试

系统部署在百度云,安全性较高,并且使用了 Shiro 框架(Java 安全框架,执行身份验证、授权、密码和会话管理),可以在网上选择一些付费测试软件进行安全测试。

读者可以尝试采用熟悉的 web 框架、MySQL 数据、MQTT 消息中间件、时序数据库等组件,搭建一个简单物联网云平台。只要一步步实施,那么一定可以带来意想不到的收获。

第11章
行业物联网

目前,物联网进入与传统产业深度融合发展的崭新阶段。未来 10 年内,全球物联网将创造 10 多万亿美元的价值,约占全球经济的 1/10,与城市管理、生产制造、汽车驾驶、能源环保等形成数个千亿级规模以上的细分市场。

物联网技术与传统行业的结合,催生出行业物联网。犹如电商的发展,从百货超市的电商,涌现出垂直电商,专注于某个领域的产品和客户。行业物联网开始呈现这种趋势,如车联网平台、工业物联网平台、智能家居平台等。这种行业细分趋势是必然的,使得业务更加贴合行业需求、贴合用户需求。

在从"互联网+"开始到"+互联网"的过程中,传统行业一直在不断探索新的商业模式和新技术,实现产业转型、业务升级和服务升级。这些企业深知不创新意味着淘汰;而物联网、大数据等技术也需要紧密围绕传统产业,充分借助网络化、信息化、数字化和智能化的技术优势,为传统企业增值,实现资源共享、合作共赢。

深入学习行业物联网将发现,各行业的物联网技术架构具有高度的相似性。物联网技术与传统产业深度融合与创新,将要历经很长的时间,需要行业找到完美的"远方"。限于篇幅,我们选择了四个比较有代表性的行业,结合物联网技术进行分析,重点介绍产业数字化发展趋势。

11.1　家居物联网

家居物联网(见图 11-1)又称智能家居(smart home,home automation),是一个朝阳产业,处于行业高速发展期。自 2000 年至今,智能家居由过去为数不多的几家厂商,发展到如今上千家,而且有越来越多的企业将投入这个行业中。预计在"十四五"期间,国内物联网在家居领域的需求规模将继续迎来较快的发展机遇,特别是美的、小米等跨界合作形式的涌现,更坚定了该行业快速发展的信心,预计到 2025 年物联网在家居领域的需求规模能突破 425 亿元。

图 11-1　家居物联网

11.1.1　智能家居概述

智能家居以住宅为平台,利用综合布线技术、网络通信技术、安全防范技术、自动控制技术、音视频技术,将家居生活有关的设施集成,构建高效的住宅设施与家庭日程事务管理系统,提升家居的安全性、便利性、舒适性、艺术性,并创建环保节能的居住环境。它是未来家居的发展方向。近些年互联网迅猛发展,网络的稳定性、安全性和网络带宽都有了长足的发展,由互联网提供的各种服务已经深入人们生活的方方面面,因此将智能家居系统同互联网结合起来,为用户提供远程控制服务,延伸智能家居系统的使用空间,已经成为智能家居系统发展的一种趋势。

一个智能家居系统的成功与否,不仅取决于智能化系统的先进性与集成度,还取决于系统的设计和配置是否经济合理,并且系统能否成功运行,系统使用、管理和维护是否方便,系统或产品的技术是否成熟适用。换句话说,应以最少的投入、最简便的实现途径来换取最大功效,以实现高质量生活。

1. 智能家居目标

1)便捷性

智能家居最基本的目标是为人们提供一个舒适、安全、方便和高效的生活环境。对于智能家居产品来说,最重要的是以实用为核心,摒弃那些华而不实,只能充作摆设的功能,产品以实用性、易用性和人性化为主。

设计智能家居系统时,应根据用户对智能家居功能的需求,整合智能家电控制、智能灯光控制、电动窗帘控制、防盗报警控制、门禁对讲控制、煤气泄漏控制等实用、基本的家居控制功能,同时还可以拓展诸如三表抄送、视频点播等服务增值功能。多个性化智能家居的控制方式很丰富多样,如本地控制、遥控控制、集中控制、手机远程控制、感应控制、网络控制、定时控制等,进行控制的本意是让人们摆脱烦琐的事务,提高效率,如果操作过程和程序设置过于烦琐,则容易让用户产生排斥心理。所以,在对智能家居进行设计时,一定要充分考虑用户的体验,注重操作的便利化和直观性,最好能采用图形图像化的控制界面,让操作所见即所得。

2)标准性

智能家居系统方案的设计应依照国家和地区的有关标准进行,确保系统的扩充性和扩展性,在系统传输上采用标准的 TCP/IP 协议网络技术,保证不同产商之间系统可以兼容与互联。系统的前端设备是多功能的、开放的、可以扩展的设备。例如,系统主机、终端与模块采用标准化接口设计,为家居智能系统外部厂商提供集成的平台,而且系统的功能可以扩展,当需要增加功能时,不必再开挖管网,简单可靠、方便节约。设计选用的系统和产品能够使本系统与未来不断发展的第三方受控设备进行互通互联。

3)方便性

家庭智能化有一个显著的特点,即安装、调试与维护的工作量非常大,需要大量的人力、物力投入。这一特点成为制约行业发展的瓶颈。针对这个问题,设计系统时,就应考虑安装与维护的方便性,如系统可以通过 Internet 远程调试与维护。通过网络,不仅使住户能够实现家庭智能化系统的控制功能,还允许工程人员远程检查系统的工作状况,对系统出现的故障进行诊断。这样,系统设置与版本更新可以在异地进行,从而大大方便了系统的应用与维护,提高了响应速度,降低了维护成本。

4)轻巧型

轻巧型智能家居产品,顾名思义,是一种轻量级的智能家居系统。"简单""实用""灵巧"是它最主要的特点,也是它与传统智能家居系统最大的区别。所以,我们一般把无须施工部署、功能可自由搭配组合且价格相对便宜、可直接面对最终消费者销售的智能家居产品称为轻巧型智能家居产品。

目前,各大厂商已开始密集布局智能家居,尽管从产业的角度来看,还没有特别成功、特别能代表整个行业的案例显现,这预示着行业发展仍处于探索阶段,但越来越多的厂商开始介入和参与已使得外界意识到,智能家居未来已不可逆转。随着智能家居市场推广普及的进一步落实,培育消费者的习惯,智能家居市场的消费潜力必然是巨大的,产业前景光明。

2. 智能家居现状

随着物联网进一步火热,消费者认知进一步提高,技术进一步成熟,智能家居完全可以进入寻常百姓家。智能家居未来无限美好,但是目前需要面临的难点也不少,这是企业需要解决的问题。

1) 行业缺乏规范标准

我国智能家居行业较发达国家而言起步较晚,目前仍未能出台智能家居相关行业标准,直接影响了智能家居市场。这就导致市场上出现众多不相兼容的产品标准,给消费者、厂商、行业的健康发展都带来不良影响。

2) 技术不够成熟

目前智能家居企业生产的多是关于安防、声控、灯控等的一些基础产品,很少具有整套系统和产品的集成厂商,导致市场产品单一化、趋同性明显,家居的操作不够人性化、系统升级不便等问题也是智能家居的技术发展障碍。

3) 产品层次不齐

一些低技术含量、低质量的山寨产品充斥我国智能家居市场,扰乱了消费者的判断和购买能力,致使整个市场非常混乱。

4) 性价比不高

智能家居整体处于初级发展阶段,更多地出现在高档小区及住宅里,普通家庭无法承受。即便可以承受,住宅小区的硬件设施不匹配也导致无法安装。

11.1.2　智能家居系统的组成

智能家居系统支持家居环境的温度、湿度、亮度、是否有人活动、声音大小、振动等信息采集,实现空调、灯光、影音系统等设备的自动控制;可以通过智能音箱等语音接口实现人机对话,通过语音控制相应设备;还可以通过手机 APP、网页等方式远程控制家中的设备。家中设备运行情况、实时画面、抓拍画面及报警等信息可以通过手机 APP 等方式反馈到用户手机上,使得用户无论在哪里都可以对家中的情况了如指掌。

从系统结构的角度来讲,智能家居系统包括传感器、执行器、控制中枢、通信网络和人机接口,系统拓扑图如图 11-2 所示。

1. 传感器

传感器的主要作用是将环境中的各种量收集起来。常见的量有温度、湿度、亮度、音量、是否有人、水浸(检测是否漏水)、燃气(检测是否漏气)等。传感器将收集的这些量发送给控制中枢。有的企业将传感器单独做成组件,也有的企业会将传感器和控制中心做在一起,甚至连同执行器做在一起。无线摄像头也算是一种传感器,不仅可以感应移动的物体,还可以拍摄家中视频。

2. 执行器

执行器的主要作用是根据控制中枢发出的指令来完成动作。执行器主要是智能插座、智能开关、万能遥控器、电动窗帘、推窗器、智能门锁和智能家电等。

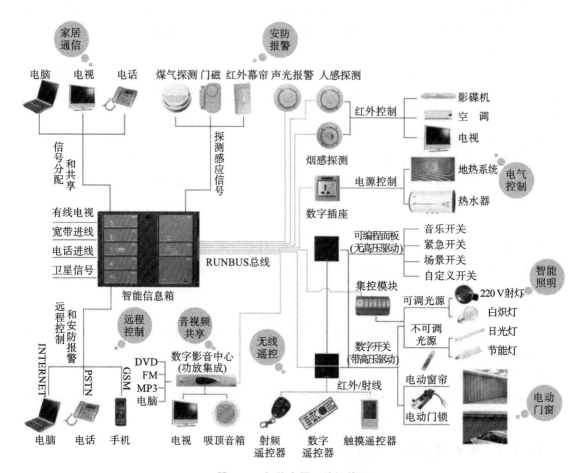

图 11-2   智能家居系统拓扑图

3. 控制中枢

控制中枢用于根据用户的需求和设定,判断传感器发送来的条件变量是否满足要求,如果满足,就发出控制指令让执行器执行,或者协调一些执行器按顺序执行某些场景动作。例如,开始看电影的时候,控制中枢首先指挥影音系统电源开启,然后指挥幕布开始下降,接着调节功放输入和输出音量,打开投影机,关闭灯光,等幕布下降到位后停止幕布下降,完成整个过程。有的企业会将控制中枢独立出来,称为智慧中心或者网关;有的企业会将控制中枢和传感器做在一起;也有的企业将控制中枢和执行器做在一起,但实现的功能都是一样的。有的企业会给控制中枢单独制作一个显示屏,并直接安装在墙壁上,用于控制整个智能家居;更多的企业是直接使用手机 APP 控制。两种方式各有利弊,显示屏操作方便但位置固定,手机携带方便但不便于多人操作,两者结合倒是不错的选择。当然这个还要按照自己的需求来确定。

4. 通信网络

智能家居组件之间的通信,以及和用户之间的通信都需要网络支持。智能家居组件之间一般使用专用的网络通信方式,如 ZigBee、433 MHz 的射频、蓝牙 mesh 等,这些是智能组件之间的通信,用户一般不需要考虑细节。智能家居系统一般使用 WiFi 或者网线接入网络,可以和系统的后台服务器通信,同时还可以和用户的手机 APP、智能音箱等设备通信。

5．人机接口

人机接口用于将用户的指令发送给智能家居系统，同时将智能家居系统的反馈和何种状态信息告知用户。常见的人机接口有手机 APP、智能音箱、智能控制器（无线开关、魔方控制器等）。近年来，智能音箱发展迅速，因为自然语音是人类用起来最舒服的方式，用自然语言的方式和智能家居系统沟通，不但轻松上手，还不需要改变生活习惯。

11.1.3　飞燕平台

智能家居的关键是将目前智能产品提供给用户的单一、割裂的信息和数据进行整合，通过软件支持、数据交互、云服务器交互实现强大的功能，为用户的生活带来方便，改变用户的生活。

这无疑是百度、阿里巴巴、腾讯三大互联网巨头的机会。未来，将智能设备之间相互孤立的信息打通，实现共享之后，将产生更多的商业机会和盈利模式。

智能家居产业链条复杂，涉及家电、照明、车联、智能硬件、互联网等不同行业、第三方企业或服务，平台公司需要将芯片、模组、电控、厂商、开发者、投资者、电子商务、云服务平台、跨平台合作等参与者吸引至自己的门下。

限于篇幅，我们不一一介绍国内的所有智能家居平台，以阿里云的生活物联网平台——飞燕平台为例，给大家进行简单介绍。

飞燕平台又称阿里云生活物联网平台，是阿里云物联网针对消费级智能设备领域的物联网平台，以解决设备快速智能化中常遇到的设备连接、APP 端控制、设备消息推送、语音控制、设备管理、数据统计等问题，提供了一整套配置化方案，大幅降低了"设备-云服务器-APP"的开发成本（详见飞燕平台官网）。

飞燕平台是在阿里云 IaaS 和 PaaS 层云产品的基础上，搭建的一套完整的、更贴近智能家电领域的公有云平台，助力于服务生活领域的开发者、方案商，提供功能设计、嵌入式开发调试、设备安全、云服务器开发、APP 开发、运营管理、数据统计等，覆盖前期开发到后期运营全生命周期的服务，系统结构如图 11-3 所示。

图 11-3　阿里云飞燕平台示意图

飞燕平台为行业合作伙伴提供安全、稳定、高扩展、低成本的智能生活解决方案，全球化部署助力中国企业走向国际化，共同打造物联网的生态圈。飞燕平台支持硬件快速上云，传统硬件厂商可以快速定义产品的功能和属性、选择认证模组、在线调试端云链路、配置所见即所得的人机界面，从而大大节省设备上云的工作量。传统的智能硬件开发包括设备端、服务端和客户端开发，还需要面对高并发、稳定性、安全保障、运维服务等方面的问题。现在，智能硬件厂商可以快捷配置和选择服务，低成本地完成从硬件到用户交互的产品交付，并且拥有专属的运营管理中心，从而只需要专注于硬件产品本身的设计和开发。

飞燕平台还提供高扩展能力，包括客户端 SDK 和云服务器 API，让具备开发能力和个性化需求高的厂商可以开发自主品牌 APP，从而深度定制自有业务体系，也可以通过云对云的方式将自有业务系统和平台对接。通过阿里云全球化部署,飞燕平台在全球多个节点实现完整的全链路服务能力、统一的设备激活和漫游能力、多语言能力,助力中国企业的产品走向海外,服务国际用户。

飞燕台开发工作如下。

1. 开发准备

(1)注册阿里云账号,并完成实名认证,开通飞燕平台服务。

(2)安装好设备固件开发所需的 Linux 开发环境,建议使用 64 位 Ubuntu 16.04 开发环境。

(3)安装好用于烧录设备证书和固件的串口烧录调试工具。设备使用 SDK 和证书接入生飞燕平台。

2. 操作过程

(1)创建项目:产品开发以项目为单位,并支持多方协同工作。

(2)创建产品并定义功能:产品相当于同类设备的集合。例如,产品可以是某种型号的设备。开发者可以通过属性、服务和事件三个维度定义产品的功能。飞燕平台将根据定义的功能构建出产品的数据模型,用于云服务器与设备端的数据通信。

(3)添加设备:设备指某个具体设备。每个设备拥有自己的设备证书,用于连接飞燕平台。飞燕平台提供测试设备,测试设备的证书不能用于量产,仅供调试使用。

(4)配置 APP:在当前生活物联网领域,消费者通常使用 APP 绑定并控制设备。飞燕平台提供 APP 服务,开发者可以通过配置 APP 参数项,轻松实现人机互动。

(5)开发设备:飞燕平台提供设备端 SDK,通过简单开发,设备即可具备上云能力。

(6)调试设备连云:公版 APP 连接设备后,通过 APP 和控制台(云服务器)调试真实设备,验证设备端、云服务器、APP 端三端上下行数据通信。

11.2　工业物联网

工业是物联网应用的重要领域。具有环境感知能力的各类终端、基于泛在技术的计算模式、移动通信等不断融入工业生产的各个环节,可大幅提高制造效率,改善产品质量,降低产品成本和资源消耗,将传统工业提升到智能工业的新阶段。工业物联网技术优势明显,如图 11-4 所示。

当前,全球第四次工业革命孕育兴起与我国制造业转型升级形成历史性交汇,互联网、大数据、人工智能等新一代信息技术与工业制造技术深度融合,推动生产制造模式、产业组织方式、商业运行机制发生颠覆式创新,催生融合发展新技术、新产品、新模式、新业态,为工业经济发展打造新动能、开辟新道路、拓展新边界。工业互联网作为新一代信息技术与制造业深度融合的产物,通过实现人、机、物的全面互联,构建起全要素、全产业链、全价值链全面连接的新型工业生产制造和服务体系,成为支撑第四次工业革命的基础设施,对未来工业发展产生全方位、深层次、革命性影响。加快发展工业互联网不仅是各国顺应产业发展大势,抢占产业未来制高点的战略选择,而且是推动制造业质量变革、效率变革和动力变革,实现高质量发展的客观要求。

从国际来看,发达国家政府纷纷加快推进工业互联网建设,如美国在先进制造国家战略中将工业互联网和工业互联网平台作为重点发展方向,德国工业 4.0 战略也将推进网络化制造作

图 11-4　工业物联网技术优势

为核心。GE、西门子、达索、PTC 等国际巨头也纷纷布局工业互联网平台,并将工业互联网平台作为探索数字化转型、提升行业服务能力、构建长期发展竞争力的关键。总体来看,美国、欧洲和亚太地区是当前工业互联网平台发展的焦点地区,全球工业互联网平台市场持续呈现高速增长态势。

我国平台发展取得显著进展,平台应用水平得到明显提升,多层次系统化平台体系初步形成。全国各类型平台数量总计已有数百家之多,如航天云网、海尔、宝信软件、石化盈科、树根互联、徐工、TCL、中联重科、富士康、优也、昆仑数据、黑湖科技等。据前瞻产业研究院发布的中国物联网行业细分市场需求与投资机会分析报告统计数据显示,2012 年我国物联网在工业领域需求规模已达 730 亿元,2014 年我国物联网在工业领域需求规模突破千亿元。截止至 2017年,我国物联网在工业领域需求规模增长至 2 354 亿元左右,较 2016 年增长 30.49%,2018 年我国物联网在工业领域需求规模达到 3 072 亿元。

11.2.1　工业物联网概述

工业物联网平台是基于云计算和大数据的工业领域的行业平台,对下能接入多种行业终端,对上支持多种行业应用,通过工业物联大数据平台,把各种垂直的物联网应用整合成一个扁平的应用体系。除满足不同设备快速接入要求外,工业物联网平台还提供如智能分析、数据挖掘、机器学习、可视化组件等多种应用服务,使开发者即使不了解物联网、大数据技术也能快速、低成本地开发出专业的物联网应用、大数据应用,共同建设应用生态圈。工业物联网系统包括云平台和硬件设备,其中物联网云平台包括工业边缘、工业数据建模、工业数据管理与分析和工业 PaaS 与应用开发,系统结构如图 11-5 所示。

1. 工业物联网定义

工业物联网技术的研究是一个跨学科的工程,涉及自动化、通信、计算机以及管理科学等领域。它有着物联网技术的共性,也有行业技术的特色。

1) 传感器

价格低廉、性能良好的传感器是工业物联网应用的基石,工业物联网的发展要求使用更准确、更智能、更高效以及兼容性更强的传感器技术。智能数据采集技术是传感器技术发展的一个新方向。信息的泛在化对工业传感器和传感装置提出了更高的要求,具体如下。

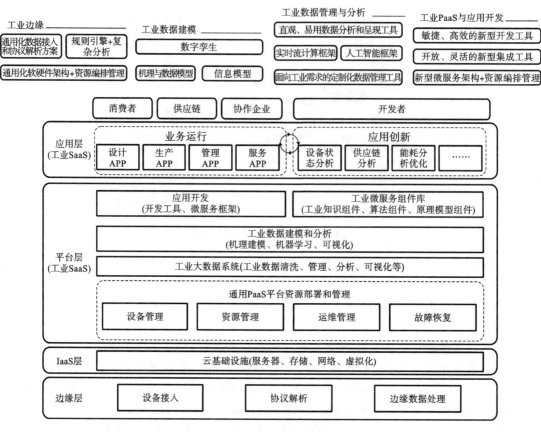

图 11-5　工业物联网系统结构

（1）微型化：元器件微型化，要求节约资源与能源。

（2）智能化：具备自校准、自诊断、自学习、自决策、自适应和自组织等人工智能。

（3）低功耗与能量获取技术：供电采用电池、阳光、风、温度、振动等多种方式。

2）网络技术

网络是构成工业物联网的核心之一，数据在系统不同的层次之间通过网络进行传输。网络分为有线网络和无线网络。有线网络一般应用于数据处理中心的集群服务器、工厂内部的局域网以及部分现场总线控制网络中，能提供高速率、高带宽的数据传输通道。工业无线传感器网络技术是一种新兴的利用无线网络技术进行传感器组网以及数据传输的技术。无线网络技术的应用可以使得工业传感器的布线成本大大降低，有利于传感器功能的扩展，因此吸引了国内外众多企业和科研机构的关注。

传统的有线网络技术较为成熟，在众多场合已得到了应用验证。无线网络技术应用于工业环境时，会面临如下问题：工业现场强电磁干扰、开放的无线环境让工业机器更容易受到攻击威胁、部分控制数据需要实时传输。相对于有线网络，工业无线传感器网络技术正处在发展阶段，它解决了传统的无线网络技术应用于工业现场环境时的不足，提供了高可靠性、高实时性以及高安全性，主要技术包括自适应跳频、确定性通信资源调度、无线路由、低开销高精度时间同步、网络分层数据加密、网络异常监视与报警以及设备入网鉴权等。

3) 通信协议

在大多数情况下,企业会基于现有的工业系统建造工业物联网,如何实现工业物联网中所用的传感器能够与原有设备已应用的传感器相兼容是工业物联网推广所面临的问题之一。传感器的兼容主要指数据格式的兼容与通信协议的兼容,兼容的关键是标准的统一。目前,工业现场总线网络中普遍采用的如 Profibus、Modus 协议,已经较好地解决了兼容性问题,大多数工业设备生产厂商基于这些协议开发了各类传感器、控制器等。近年来,随着工业无线传感器网络应用日渐普遍,当前工业无线的 WirelessHART、ISA100.11a 以及 WIA-PA3 大标准均兼容了 IEEE 802.15.4 无线网络协议,并提供了隧道传输机制兼容现有的通信协议,丰富了工业物联网系统的组成与功能。

4) 数据分析

工业信息出现爆炸式增长,工业生产过程中产生的大量数据,对于工业物联网来说是一个挑战,如何有效地处理、分析、记录这些数据,提炼出对工业生产有指导性建议的结果,是工业物联网的核心所在,也是难点所在。

当前业界大数据处理技术有很多,如 SAP 的 BW 系统在一定程度上解决了大数据给企业生产运营带来的问题。数据融合和数据挖掘技术的发展也使海量信息处理变得更为智能、高效。工业物联网泛在感知的特点使得人也成为被感知的对象,通过对环境数据的分析以及用户行为的建模,可以实现生产设计、制造、管理过程中人与人、人与机和机与机之间的行为、环境和状态感知,更加真实地反映出工业生产过程中的细节变化,以便得出更准确的分析结果。

5) 安全技术

工业物联网安全主要涉及数据采集安全、网络传输安全等过程,信息安全对于企业运营起到关键作用。例如,在冶金、煤炭、石油等行业采集数据需要工业物联网长时间地连续运行,保证在数据采集以及传输过程中信息的准确无误是工业物联网应用于实际生产的前提。

2. 工业物联网应用

工业物联网应用主要集中在供应链管理、生产过程工艺优化、生产设备监控管理、环保监测及能源管理、工业安全生产管理等场景,主要实现制造业的数字化、网络化、精细化、个性化、智能化等发展目标,功能示意图如图 11-6 所示。

1) 制造业供应链管理

企业利用物联网技术,能及时掌握原材料采购、库存、销售等信息,通过大数据分析还能预测原材料的价格趋向、供求关系等,有助于完善和优化供应链管理体系,提高供应链效率,降低成本。空中客车通过在供应链体系中应用传感网络技术,构建了全球制造业中规模最大、效率最高的供应链体系。

2) 生产过程工艺优化

工业物联网的泛在感知特性提高了生产线过程检测、实时参数采集、材料消耗监测的能力和水平,通过对数据的分析处理可以实现智能监控、智能控制、智能诊断、智能决策、智能维护,提高生产力,降低能源消耗。钢铁企业应用各种传感器和通信网络,在生产过程中实现了对加工产品的宽度、厚度、温度的实时监控,提高了产品质量,优化了生产流程。

3) 生产设备监控管理

利用传感技术对生产设备进行健康监控,可以及时跟踪生产过程中各个工业机器设备的使用情况,通过网络把数据汇聚到设备生产商的数据分析中心进行处理,能有效地进行机器故障

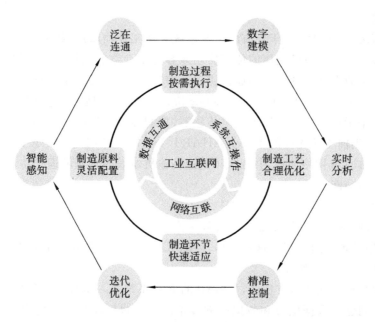

图 11-6　工业物联网应用

诊断、预测,快速、精确地定位故障原因,提高维护效率,降低维护成本。工业物联网通过传感器和网络对设备进行在线监测和实时监控,提供设备维护和故障诊断的解决方案。

4）环保监测及能源管理

工业物联网与环保设备的融合可以实现对工业生产过程中产生的各种污染源及污染治理环节关键指标的实时监控。在化工、轻工、火电厂等企业部署传感器网络,不仅可以实时监测企业排污数据,而且可以通过智能化的数据报警及时发现排污异常,并停止相应的生产过程,防止突发性环境污染事故发生。电信运营商已开始推广基于物联网的污染治理实时监测解决方案。

5）工业安全生产管理

安全生产是现代化工业中的重中之重。工业物联网技术通过把传感器安装到矿山设备、油气管道、矿工设备等危险作业环境中,可以实时监测作业人员、设备机器以及周边环境等方面的安全状态信息,全方位获取生产环境中的安全要素,将现有的网络监管平台提升为系统、开放、多元的综合网络监管平台,有效保障了工业生产安全。

3. 工业物联网技术路线

工业物联网实施有四个阶段,即智能感知控制阶段、全面互联互通阶段、深度数据应用阶段和创新服务模式阶段。

1）智能感知控制阶段

在智能感知控制阶段,利用基于末端的智能感知技术(传感器技术、REID 技术、无线传感器网络技术等)随时、随地进行工业数据的采集和设备控制的智能化。

2）全面互联互通阶段

在全面互联互通阶段,通过多种通信网络互联互通手段(工业网关、短距离无线通信、低功耗广域网和 OPC UA 等)整合信息化共性技术和行业特征,将采集到的数据实时、安全、高效地传递出去。

3）深度数据应用阶段

在深度数据应用阶段,利用云计算、大数据等相关技术,对数据进行建模、分析和优化,实现多源异构数据的深度开发应用,从数据仓库中提取隐藏的预测性信息,挖掘出数据间潜在的关系,快速而准确地找出有价值的信息,有效提高系统的决策支持能力。

4）创新服务模式阶段

在创新服务模式阶段,利用信息管理、智能终端和平台集成等技术,提供定制服务、增值服务、运维服务、升级服务、培训服务、咨询服务和实施服务等,广泛应用于智能工厂、智能交通、工艺流程再造、环境监测、远程维护、设备租赁等物联网应用示范领域,全方位构建工业物联网创新的服务模式生态圈,提升产业价值,优化服务资源。

11.2.2 工业物联网架构

工业物联网由智能硬件设备、边缘计算网关、云平台套件,以及大数据智能分析服务组成,通过智能采控终端采集设备将各种数据上传到云平台,并对数据进行存储、整理、分析,通过智能应用系统实现时时在线监控、记录、查询、统计、分析、修改、报警等操作,实现远程智能化管理,提高企业智能化管理水平。工业物联网架构如图 11-7 所示。

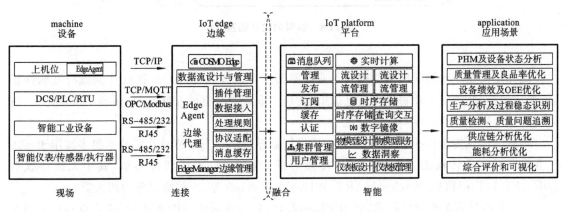

图 11-7 工业物联网架构

从感知及控制层、网络层、平台服务层到应用服务层,工业物联网系统有着行业自身的特点。

1. 数据感知

感知及控制层面有三个信息来源渠道,分别是传统信息系统、web 系统和物联网系统。

1）传统系统

传统信息系统采集的信息往往具有较高的价值。一方面原因是传统信息系统采集的往往是结构化数据,易于统计和分析;另一方面原因是传统信息系统采集的数据往往是比较重要的数据,对后续的数据分析有重要的参考价值。传统信息系统包含的内容比较广泛,如常见的ERP 系统。对于企业来说,传统信息系统的建设应该是信息化建设的第一步。

2）web 系统

随着 web 应用的普及,尤其是 web2.0 的普及应用之后,整个 web 系统产生大量的数据,这些数据也是大数据系统的重要数据来源之一。web 系统的数据具备几个典型的特点,如数量大、结构多样性、真假难辨等,这就需要通过数据分析来进一步挖掘潜在的价值。

3) 物联网系统

与传统信息系统和 web 系统不同,物联网数据大部分是非结构化数据和半结构化数据,主要是各类硬件设备接入数据,如图 11-8 所示。这些数据需要采用特定处理方式进行处理。比较常见的处理方式包括批处理和流处理。

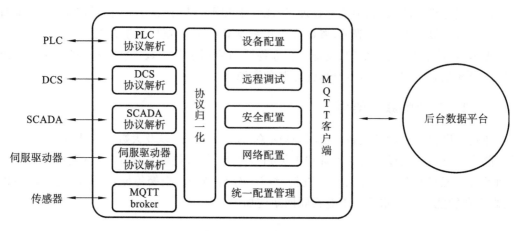

图 11-8　物联网的数据接入

2. 泛在连接

泛在连接是工业物联网的前提。工业资源通过有线或无线的方式彼此连接或将互联网相联,形成便捷、高效的工业物联网信息通道,实现工业资源数据的互联互通,拓展了机器与人、机器与环境之间连接的广度与深度。

物联网信息传递依托有线、无线等介质进行数据传输。当前移动互联技术更多被用于实现工业物联网信息传输的过程中。通信传输介质包括有线、无线两种类型,其中无线协议有 LoRa、NB-IoT、eMTC、WirelessHART、WIA-PA、ISA100 等,这些协议分为两大类。

(1) 低功耗短距离通信技术,如 IEEE 802.15.4,节点间传输距离短(小于 100 m),采用多跳路由协议 CTP、RPL、LLN。

(2) 低功耗广域网(LPWAN),代表性技术 NB-IoT、LoRa、eMTC、SigFox 等具有发展前景,但未必可以取代已有的技术。针对室外大范围部署,LPWAN 是一个很好的解决方案。NB-IoT 是基于 LTE 的改进版本,具有技术成熟、可以复用已有基站的好处。LoRa 需要部署 LoRa 基站,但也适用于智慧园区等场景中,而且 LoRa 技术开放程度更高,更容易进行二次开发。

3. 数字建模

数字建模是工业物联网关键技术之一。数字建模将工业资源映射到数字空间中,在虚拟的世界里模拟工业生产流程,借助数字空间强大的信息处理能力,实现对工业生产过程全要素的抽象建模,为工业物联网实体产业链运行提供有效的决策。

海量工业数据分析、发展趋势预测及可视化呈现功能,提升工业数据价值洞察力。通过对工业资源数据进行处理、分析和存储,可以形成有效的、可继承的知识库、模型库和资源库,面向工业资源制造原料、制造过程、制造工艺和制造环境,进行不断迭代优化,达到最优目标。

4. 上层应用

1）实时分析

实时分析是工业物联网的手段。针对所感知的工业资源数据,通过技术分析手段,在数字空间中进行实时处理,获取工业资源状态在虚拟空间和现实空间的内在联系,将抽象的数据进一步直观化和可视化,完成对外部物理实体的实时响应。

2）精准控制

精准控制是工业物联网的目的。通过工业资源的状态感知、信息互联、数字建模和实时分析等过程,将基于虚拟空间形成的决策,转换成工业资源实体可以理解的控制命令,进行实际操作,实现工业资源精准的信息交互和无间隙协作。

3）其他业务

众所周知,数据和业务的整合可以提供更好的管理与服务,如原材料采购、生产中的故障诊断、流水线优化、节能减排、远程售后、财务分析、新营销业务等,不但支持单纯的物联网技术,还支持传统互联网的产品服务。

11.2.3　工业物联网生态圈

工业物联网是一个系统工程,目前还没有谁能够提供全链路的技术支撑,它需要有一个生态圈。我们需要了解云平台、硬件、数据分析、系统集成等多个方面的资源,掌握这些信息本身是一种知识。

1. 工业物联网平台

工业物联网平台需要部署在公有云或混合云上。因此,云计算厂商提供的计算、网络、存储、物联网、机器学习、数据分析、安全等服务很重要。在这个领域主要的厂商有亚马逊、GE、西门子、Bosch、阿里巴巴、微软、IBM、华为、Oracle、Rackspace、Heroku 等。

亚马逊 AWS 尤为突出,它提供的物联网平台成为行业风向标。AWS 物联网使连接了 Internet 的设备能够连接到 AWS 云,并使云中的应用程序能够与连接了 Internet 的设备进行交互。常见的物联网应用程序可从设备收集和处理遥测数据,或者令用户能够远程控制设备。AWS 物联网 SiteWise 提供可在常见工业网关上运行的网关软件。该软件通过 OPC UA 协议直接从服务器和历史记录读取数据。数据存储在 AWS 物联网 Analytics 中针对时间优化的数据存储区。AWS 物联网 SiteWise 提供了资产建模框架,可用于从数据构建资产、流程和设施的表现形式。AWS 物联网 SiteWise 视图实质上是可执行的可视化仪表板。

2. 数据分析

无论物联网与哪个传统行业结合,数据分析始终是关键所在。数据应用的需求不一样,需要解决的问题有差异,数据分析和数据建模的目标会大为不同。这个领域的先进企业有亚马逊、FogHorn、PTC、MathWorks、Rigado、SAP、西门子、Splunk、SAS、Tulip、Uptake、TIBCO 等。

3. 硬件支持

1）芯片技术

在工业现场,物联网数据采集的硬件基础是物联网芯片和物联网核心板。有了这些,才可以开发物联网数据采集网关和数据分析硬件等。主要的物联网芯片行业巨头有 ARM、TSMC、Nvidia、Intel、Infineon、高通、NXP 等。

2）传感器

工业现场的数据采集离不开各种传感器和执行器。一些重要的传感器厂商有 ABB、Bosch、Festo、KEYENCE、Toshiba、Libelium、u-blox。

3）网关技术

除了芯片和传感器技术外，工业网关也是业界一直在努力突破的重点。边缘计算是工业网关的终极目标，对硬件、软件、数据分析都有着很高的要求。目前，工业网关技术较为突出的企业有 ABB、研华、戴尔、思科、Belden、CODESYS、Digi、ProSoft、映翰通、华为、Moxa、Telit、西肯麦、Eurotech、ADLINK、NEXCOM、Systech 等。

4．系统集成

传统制造型企业不仅有对生产设备或产品的监控、运维、故障诊断、远程升级等功能需求，还包括企业其他信息系统的对接，如对 ERP、CRM、MES、EAM、IM 等系统进行集成。这个领域的系统集成商产品非常丰富，业界知名企业有埃森哲、IBM、Infosys、德勤、Cognizant、Callisto、Kalypso、金蝶、用友等。

工业物联网生态圈如图 11-9 所示。

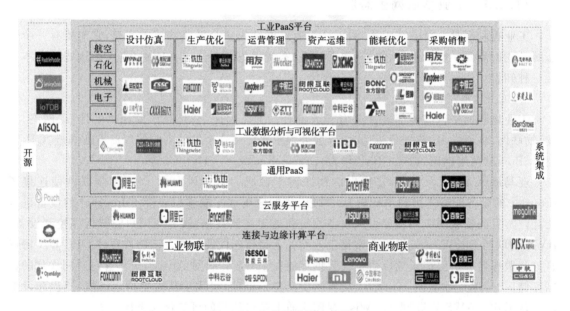

图 11-9　工业物联网生态圈

工业物联网将在智能感知阶段实现生产自动化，在互联互通阶段实现数据标准化，在数据融合阶段实现决策系统化，最终助推工业制造领域生产方式、运维方式、商业模式、服务模式等的改进，实现全方位产业升级。

11.3　农业物联网

农业物联网应用示范成效初显，智慧农业加快发展。在"十三五"期间，我国重点打造农业物联网区域试验工程，建成 10 个农业物联网试验示范省、100 个农业物联网试验示范区、1 000 个农业物联网试验示范基地，目前全国已有 9 个省份开展农业物联网区域试验，形成 426 项农业物联网产品和应用模式。

11.3.1　农业物联网概述

传统农业,浇水、施肥、打药,农民凭经验、靠感觉。如今,在设施农业生产基地,看到的是另一番景象:瓜果蔬菜该不该浇水? 施肥、打药怎样保持精确的浓度? 温度、湿度、光照、二氧化碳浓度如何实行按需供给? 一系列作物在不同生长周期曾被"模糊"处理的问题,都由信息化智能监控系统实时定量"精确"把关,农民只需按个开关,做个选择,或是完全听"指令",就能种好菜、养好花。

农业物联网运用物联网系统的温度传感器、湿度传感器、pH 值传感器、光照度传感器、CO_2 传感器等设备,检测环境中的温度、相对湿度、pH 值、光照强度、土壤养分、CO_2 浓度等物理量参数,保证农作物有一个良好的、适宜的生长环境,如图 11-10 所示。远程控制的实现使技术人员在办公室就能对多个大棚的环境进行监测控制和精准调控,为农作物的生长提供最佳条件,从而达到增产、改善品质、调节生长周期、提高经济效益的目的。

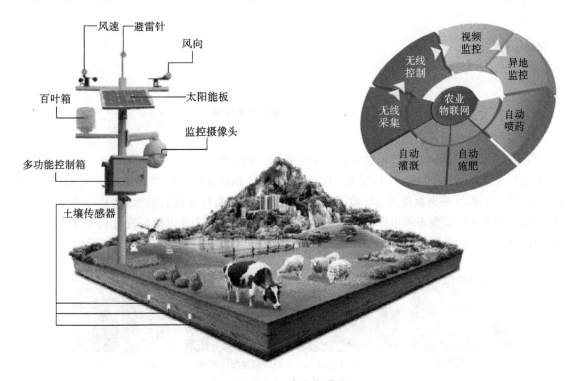

图 11-10　农业物联网

农业物联网将大量的传感器节点构成监控网络,通过各种传感器采集信息,通过物联网大数据平台帮助客户及时发现问题,并准确地找到问题的关键。用户通过 web、PC 与移动客户端可以访问数据与系统管理功能,对每个监测点的病虫状况、作物生长情况、灾害情况、空气温度、空气湿度、露点、土壤温度、光照强度等各种作物生长过程中重要的参数进行实时监测、管理。

农业物联网平台将融合农作物科技知识、作物图库、灾害指标等模块,对作物进行实时远程监测与诊断,提供智能化、自动化管理决策,是农业技术人员管理农业生产的"千里眼"和"听诊器"。农业将逐渐从以人力为中心、依赖于孤立机械的生产模式转向以信息和软件为中心的生产模式,从而大量使用各种自动化、智能化、远程控制的生产设备。

农业物联网技术分层是:感知及控制层采集农业生产的数据,网络层负责上下行链路的通信,云服务器实现实时数据存储、数据分析和应用展示。农业物联网技术架构如图 11-11 所示。

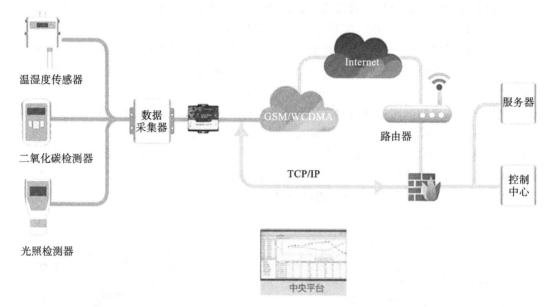

图 11-11　农业物联网技术架构

1. 感知及控制层的实时监测

数据采集是实现信息化管理、智能化控制的基础。通过安装于指定监测点的空气温湿度传感器、土壤温湿度传感器、土壤 pH 传感器、光合有效辐射传感器、CO_2 传感器等设备实时监测空气的温湿度、CO_2 浓度、土壤温湿度及 pH 值等相关数据。鉴于农业行业的特殊性,传感器不仅布控于室内,还会因为生产需要布控于田间、野外,深入土壤或者水中,接受风雨的洗礼和土壤水质的腐蚀,因此对传感器的精度、稳定性、准确性要求较高。农业物联网设备如图 11-12 所示。

(a) 数据网关　　(b) 土壤传感器　　(c) 温湿度传感器　　(d) LED显示屏

(e) 光照传感器　　(f) 土壤分析器　　(g) CO_2 传感器　　(h) 感知节点

图 11-12　农业物联网设备

2. 网络层的实时传输

通过无线网络将采集到的数据,由智能网关实时传向监控中心,保证了数据的及时性和准确性。

3. 物联网云平台的行业应用

整个系统的数据存放于物联网云平台,物联网云平台可对采集的数据建立分析模型,进行智能化处理,优化农作物种植。

(1) 随时随地查看园区数据。

(2) 园区三维图综合管理,所有监控点直观显示,监测数据一目了然;展示农业大棚内各传感器采集的环境数据和现场场景。

(3) 土壤数据:土壤温度、土壤水分、土壤盐分、土壤 pH 值等。

(4) 气象数据:空气温度、空气湿度、光照强度、降雨量、风速、风向、CO_2 浓度等。

(5) 植物本体数据:果实膨大、茎秆微变化、叶片温度等。

(6) 设备状态:施肥机、水泵压力、阀门状态,水表流量,灯光状态,卷帘状态等。

联动控制系统由加热设备、喷灌设备、通风设备、卷帘设备及其配套 PLC 及 WiFi 设备服务器组成。当传感器采集的环境数据与标准值对比超出临界范围时,控制器自动启动相关硬件设备,对作物生长环境加热、浇水、通风、卷帘加减光照辐射,实现作物生长过程精确控制。

11.3.2　农业物联网应用

1. 虫情监测

系统通过搭建在田间的智能虫情监测设备,可以无公害诱捕杀虫,绿色环保,同时利用 GPRS/3G 移动无线网络,定时采集现场图像,自动上传到远端的物联网监控服务平台,工作人员可随时远程了解田间虫情情况与变化,制定防治措施。通过系统设置或远程设置后,系统自动拍照,并将拍摄的现场图片无线发送至监测平台,监测平台自动记录每天采集的数据,形成虫害数据库,可以各种图表、列表形式展现给农业专家进行远程诊断。另外,系统可远程随时发布拍照指令,获取虫情照片,也可设置时间自动拍照上传,通过手机、计算机即可查看,无须再下田查看。昆虫识别系统自动识别昆虫的种类,实现自动分类计数。千倍光学放大显微镜可定时清晰地拍摄孢子图片,自动对焦,自动上传,实现全天候无人值守自动监测孢子情况。

2. 墒情监测

农作物的种植面积覆盖范围广,用报表很难将区域内的墒情形象地展示出来。图形预警与灾情渲染模块正是为了解决这个问题而设置的。平台将灾情按严重程度分为不同颜色,并在省级行政图中以点的形式表示,只要一打开平台的行政区域图,即可直观了解省/市/县各区域的墒情情况。

3. 实时监控

农作物的种植区部署 360°全方位红外球形摄像机,人们可以清晰、直观地实时查看种植区域作物生长情况、设备远程控制执行情况等。另外,系统增加了定点预设功能,可有选择性地设置监控点,点击即可快速转换呈现视频图像。

4. 专家系统

将病虫害防治专家信息及联系方式全部集中到一起,用户可连线专家咨询四情危害防治难题。未来的农业专家系统将运用人工智能知识工程的知识表示、推理、知识获取等技术,汇集农业领域的知识和技术,农业专家长期积累的大量宝贵经验,以及通过试验获得的各种资料数据及数学模型等,建造的各种农业"计算机专家"计算机软件系统,具有智能化进行分析推理的能力,独立的知识库增加和修改知识十分方便。

11.3.3 数字农业

数字农业于 1997 年由美国科学院、工程院正式提出。数字农业是将信息作为农业生产要素,用现代信息技术对农业对象、环境和全过程进行可视化表达、数字化设计、信息化管理的现代农业。数字农业使信息技术与农业各个环节实现有效融合,对改造传统农业、转变农业生产方式具有重要的意义。

数字农业将遥感与地理信息系统、全球定位系统、计算机技术、通信和网络技术、自动化技术等高新技术与地理学、农学、生态学、植物生理学、土壤学等基础学科有机地结合起来,实现在农业生产过程中对农作物、土壤从宏观到微观的实时监测,以实现对农作物生长、发育状况、病虫害、水肥状况以及相应的环境进行定期信息获取,生成动态空间信息系统,对农业生产中的现象、过程进行模拟,以达到合理利用农业资源,降低生产成本,改善生态环境,提高农作物产品和质量的目的。

数字农业是一个集合概念,包含农业物联网、农业大数据、精准农业和智慧农业。

1. 农业物联网

从本质上讲,农业物联网是一套数控系统,在一个特定的封闭系统内,实现以探头、传感器、摄像头等设备为基础的物物相联。它根据已经确定的参数和模型,进行自动化调控和操作。由于需要以硬件设备的投资和联网为基础,因此农业物联网投资额较大,主要用于设施农业生产过程的管理和操作,也用于农产品的加工、仓储和物流管理。

2. 农业大数据

农业大数据是与农业物联网相对应的概念。它是一个数据系统,在开放系统中收集、鉴别、标识数据,并建立数据库,通过参数、模型和算法来组合和优化多维和海量数据,为生产操作和经营决策提供依据,并实现部分自动化控制和操作。它由于在完全开放的系统中运作,因此主要用于大田农业的生产及农业全产业链的操作和经营。

3. 精准农业

精准农业(precision farming)是建立在农机硬件基础上的执行和操作系统。它主要以农机的单机硬件为基础,配以探测设备和智能化的控制软件,以实现精准操作、变量控制(包括变量播种、变量施肥、变量喷药等)、无人驾驶,以及最佳的工作环境和场景适配。精准农业强调的是(单体)设备和设施操作的精准和智能化控制,是硬件＋软件系统。

4. 智慧农业

智慧农业(smart agriculture)是建立在经验模型基础上的专家决策系统,它的核心是软件系统。智慧农业强调的是智能化的决策系统,配之以多种多样的硬件设施和设备,是系统＋硬件系统。智慧农业的决策模型和系统可以在农业物联网和农业大数据领域得到广泛应用。

人工智能(AI)的决策水平提高到一个前所未有的高度,让人们认识到人空智能发展的提速和广阔的前景,也为数字农业的发展注入活力。

展望今后一段时期,数字农业将迎来难得的发展机遇。从国际看,全球新一轮科技革命、产业变革方兴未艾,物联网、智联网、大数据、云计算等新一代信息技术加快应用,深刻改变了生产、生活方式,引发经济格局和产业形态深度变革,形成发展数字经济的普遍共识。大数据成为基础性战略资源,新一代人工智能成为创新引擎。世界主要发达国家都将数字农业作为战略重点和优先发展方向,相继出台了"大数据研究和发展计划""农业技术战略""农业发展 4.0 框架"等战略,构筑新一轮产业革命新优势。

我国已开展数字乡村战略,加快 5G 网络建设进程,为发展数字农业提供了有力的政策保障。信息化与新型工业化、城镇化和农业农村现代化同步发展,城乡数字鸿沟加快弥合,数字技术的普惠效应有效释放,为数字农业农村发展提供了强大的动力。我国农业进入高质量发展新阶段,乡村振兴战略深入实施,农业农村加快转变发展方式、优化发展结构、转换增长动力,为农业农村生产经营、管理服务数字化提供广阔的空间。现代农村治理将完善治理体系,推动数字农业进程,而计算机作为重要工具,将发挥无可替代的作用。

11.4　医疗物联网

将现代计算机技术、信息技术应用融入整个医疗过程的现代化医疗方式,是公共医疗的发展方向和管理目标。数字化医疗的主要优点是:病人能以最少的流程完成就诊,医生诊断准确率大幅度提高,病人病历信息档案记录着所有当前和历史健康信息,可以大大方便医生诊断和病人自查,真正能实现远程会诊所需要的病人综合数据调用,实现快速有效服务。数字化医疗还有一个很大的优点,即可以实现医疗设备与医疗专家的资源共享。对于医疗机构而言,拥有完善健康信息的数据库更具有权威性,健康信息系统的建立能极大地提高竞争力。医疗信息化如图 11-13 所示。

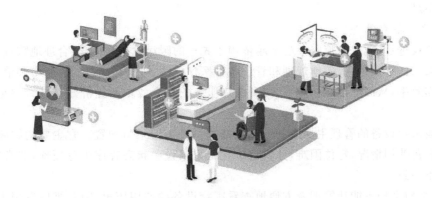

图 11-13　医疗信息化

2020 年,我国以核酸检测和 CT 检测为代表的筛查环节的创新应用,更体现了新技术带来的便利和优势。在 CT 检测领域,胸部 CT 新冠肺炎智能评价系统辅助医生快速诊断,尤其是对全肺状况及显性和隐形病变区域进行定量评价,辅助医生早期发现病情和后续评估疗效。该系统可对各种肺炎征象进行智能分类,对实变和磨玻璃影进行定量分析,辅助医生判断肺炎分期及轻重程度,提供可疑肺炎疾病预警提示,最终为医生提供符合最新新型冠状病毒指南的结构化图文报告。

11.4.1　医疗物联网概述

医疗物联网通过射频识别设备、红外感应器、定位系统、激光扫描器、气体感应器等信息传感设备,按约定的协议,把与医疗业务相关的人员、资产、物品与互联网连接起来,进行信息交换和通信,以实现医疗领域的智能化识别、定位、跟踪、监控、管理及服务。简而言之,医疗物联网是以服务医疗业务为目标的"物物相联的互联网"。

医疗物联网从患者的健康监测、临床诊断、手术治疗到术后康复等,全流程提供技术支持。医疗物联网根据数据类型可以分为两大类,一类是跟位置信息相关的医疗物联网,如婴儿防盗、资产管理、行为分析等;另一类是纯数据类型的医疗物联网,如生命体征监护、温湿度管理等。

医疗物联网利用复杂的物联网技术,简化医疗流程,实现全过程标准化医疗流程,实现医疗对象自动化、可视化、数字化管理,全面提高医疗安全性和质量。医疗物联网目前在主要应用体现在移动医疗/远程监护平台、医疗设备管理、医疗流程管理等方面。

1. 移动医疗/远程监护平台

远程医疗/远程监护平台能够自动采集多项生命体征数据,自动将数据上传至医院控制中心,实时分析数据并预警,并由医生提供远程医疗服务。它利用多种便携设备,数据的采集可以不受时间与地点的限制。远程监护系统能够监护心脏功能、排尿、血压、血糖、睡眠等多方面的疾病,在心脏功能实时监护系统和睡眠监护系统方面有较高的价值。

例如,远程无线睡眠监护系统能够在患者家中实时检测患者睡眠时的各项体征,并通过蓝牙将数据发送至手机,进而通过无线网络将数据传输至医院控制中心。当检测到患者出现睡眠呼吸暂停的症状时,系统会自动通知医生。然后,医生通过网络远程控制患者家中的可调节枕头的高度与仰角,改变患者的睡眠姿势,最终使患者恢复自主呼吸。可调节枕头对中轻度OSAS 患者有很好的疗效,患者在家中就可以得到高质量的治疗。通过医疗物联网弥补传统诊疗手段的不足。

2. 医疗设备管理

随着科技进步,现代医疗服务越来越依赖于先进的医疗设备。科学、合理地购置、使用和维护数量庞大的医疗设备,有效地规划和管理各种医疗资源,对提高疾病的诊断率和治愈率,改善医院的运作效率,从而降低运作成本,提升医疗服务的社会效益和经济效益具有举足轻重的重要作用。

现阶段医疗设备的管理主要借助纸质文档进行人工记录与配置。它主要的缺陷在于无法实时追踪设备使用情况,定位困难,并且由于人工记录设备状态程序十分烦琐,非常容易出错,造成数据不一致。

此外,纸质文档不能让管理者方便地查看医疗设备的使用历史,因此难以发现未使用的设备,造成闲置设备无法被及时调度到有需要的地方,导致较低的设备利用率。为了加快记录速度,可对每件设备增加条形码或 RFID 标识,但这种方法需要手持式或固定式的读取设备,受到读取设备功能的限制,并且仍然无法实时跟踪设备的位置。

利用传感设备可以弥补现有设备管理方法的不足。无线功率传感器可以检测出设备的用电负载和周围的无线信号强度,并将这些数据通过无线传感器网关上传到医院数据中心。然后,医院数据中心根据上传的数据,利用室内定位与机器学习技术,能够计算出设备的位置和使用情况,进而能够为用户提供云服务,包括执行用户查询和生成所有设备使用情况的统计分析报告等功能。

3. 医疗流程管理

目前,医疗服务的主要工作流程是以医院为中心的。患者就医时,首先通过挂号排队方式配合医生的坐诊时间;如果需要进行血检、尿检、CT 等各种检查,则需要先交费,然后逐一到各个检查地点配合检查;拿到医生处方后,还需要再次排队交药费并到药房取药。当病情复杂时,上述过程还可能会重复多次。

这个传统流程对于患者和医院而言都是十分低效的。例如,由于每种医疗检查的需求量与耗时都不相同,各个检查地点的排队情况是不同的。由于患者对医疗流程不了解或对医院情况不熟悉,需要进行多项检查时,难以根据具体排队情况,选择省时省力的检查顺序。对于医院而言,某个流程环节的低效会影响整个医院的工作效率,如缴费窗口开启数量不足,可能导致缴费环节的大量排队,并使得药房、各类医疗检查或其他相关环节流量不足,造成设备和人员的闲置浪费。

物联网技术可以改变医院工作流程,提高医疗服务的整体效率。在医院工作流程的各个环节都有传感器设备感知实时状态并上传至医院数据中心。实时状态包括医生与护士的繁忙程度、检查设备使用率、排队长度、耗材存量等。患者随身携带一个移动终端,该移动终端可以是安装了特定应用的智能手机,也可以是医院提供的专用设备。该移动终端主要具有以下功能。

(1) 记录患者的就诊状态,能够以友好的流程图示告诉患者已完成与未完成的就诊步骤,对于每个步骤还会提供包括地点和流程等详细信息。

(2) 从医院数据中心得到医院的实时状态,并显示在就诊流程图上,帮助患者选择下一个就诊步骤。

(3) 提供智能调度服务,综合患者的就诊状态与医院的实时状态,为患者建议一个最优化的就诊流程。

另外,家属也可配备类似的移动终端,协同帮助患者进行缴费和取药等无须患者参与的环节。这种“以患者为中心”的医院工作流程可以最大化地节省患者的时间,同时提高医疗人员、设备、场所的利用率。

11.4.2　医疗物联网技术

医疗物联网技术是建立在物联网基础上的,与物联网结构总体上相似,结构可以分为感知及控制层、传输层、平台层和应用层四个层级。医疗物联网系统架构如图 11-14 所示。

1. 感知及控制层

感知及控制层利用各种各样的感知设备、信息采集设备采集对象的数据,同时利用呼吸传感器、心电监护传感器等各种生理信号采集器及二维码信息采集器、摄像头、RFID 信息采集器等信息采集器完成对各种医疗信息的有效采集。其中,RFID 技术在设备追踪以及资产管理中有着相当广泛的应用,在医疗中可以有效地对各种药品、设备进行追踪监测,对于医疗用品市场的整顿规范有着非常重要的作用,并且还可以用于有效监测患者的各种生命体征,或监测医疗废物回收,以及实现婴儿防盗等功能。

2. 网络层

在医疗物联网中,有线网络和无线网络都发挥了相当重要的作用。其中,采用的无线网络技术主要有无线局域网、蓝牙、多频码分多路访问和通用分组无线服务等。网络层中用到的有线网络技术主要有计算机专网、有线电视网络、电信通信网络等,所用的网络结构主要有6LowPAN 传感子网+IP 网等。

医疗信息集成平台ESB						

应用层

HIS	LIS	RIS	PACS	EMR	……	移动护理移动查房

医疗无线物联网数据集成平台

Restful API Adapter	WEB Service Adapter	HL7 Adapter	View Adapter

医疗无线物联网数据集成平台

智慧医院物联网应用系统

输液监控	患者体温监护	冷链管理	婴儿防盗	围术期管理	环境监测	移动设备定位管理	院内导航	平安医护	患者防走失

物联网数据采集引擎

Location BS	Location BS	Location BS	Location BS	IoT BS	IoT BS	IoT BS

定位引擎	物联网数据引擎

传输层

一网无限医疗无线物联网平台(400~6 000 MHz)

数据网 IEEE802.11ac/Wave2 2 400~2483MHz/ 5 150~5 350MHz/ 5 725~5 850MHz	物联网 ZigBee/RFID/LoRa/NB-IoT 400~1000MHz	定位网 UHF-IR+iBeacon/ UHF-LF+iBeacon 920~925MHz	医疗遥测网WMTS 407~425MHz/ 608~630MHz

感知及控制层

智慧医院应用终端

移动终端　　　物联网定位标签　　　物联网智能传感器　　　医疗设备

PDA　平板电脑　移动推车　定位手环　资产定位　婴儿防盗　体温监护　输液监控　温湿度传感　　心电遥测　镇痛泵　输液泵

图 11-14　医疗物联网系统架构

3. 平台层

平台层在整个架构中起到了承上启下的作用:一方面,平台层接收通过传输层传输过来的感知及控制层数据并进行处理;另一方面,平台层需要对接医院系统和第三方系统,如 HIS、LIS 及各类应用场景系统。平台层实现了各系统间的数据共享、交互,并为未来新增系统接入做好了铺垫,使得医疗物联网架构具备极强的延展性。

4. 应用层

应用层是医疗物联网价值的集中体现。从总体上看,医疗物联网的应用可以分为三个方面。

(1)以医疗物联网技术构建出集诊疗、管理、决策为一体的综合应用服务。

(2)借助医疗物联网技术,结合医疗应用场景定制场景解决方案,解决特定需求。

(3)以医疗物联网为核心构建区域化平台和综合化平台,打通系统内的信息孤岛。

11.4.3　医疗 AI 应用

物联网技术赋予传统医疗一种新的工具和手段,人工智能也将全方位与医疗行业结合。我国医疗人工智能企业聚焦的应用场景集中在虚拟助理、病历与文献分析、医疗影像辅助诊断、药物研发、基因测序等领域。

1. 虚拟助理

虚拟助理是指通过语音识别、自然语言处理等技术，将患者的病症描述与标准的医学指南做对比，为用户提供医疗咨询、自诊、导诊等服务的信息系统。它将在医生端和用户端均发挥较大的作用。

在医生端，智能问诊可以辅助医生诊断，尤其是受限于基层医疗机构全科医生数量、质量的不足，医疗设备条件的欠缺，基层医疗成为我国分级诊疗发展的瓶颈。人工智能虚拟助手可以帮助基层医生对一些常见病进行筛查，以及对重大疾病进行预警与监控，帮助基层医生更好地完成转诊的工作。

在用户端，人工智能虚拟助手能够帮助普通用户完成健康咨询、导诊等服务。在很多情况下，用户只是稍感身体不适，并不需要进入医院进行就诊。人工智能虚拟助手可以根据用户的描述定位到用户的健康问题，提供轻问诊服务和用药指导。

预问诊系统是基于自然语言理解、医疗知识图谱及自然语言生成等技术实现的问诊系统。患者在就诊前使用预问诊系统填写病情相关信息，由系统生成规范、详细的门诊电子病历并发送给医生。预问诊系统采用层次转移的设计架构模拟医生进行问诊，既能像医生一样有逻辑地询问基本信息、疾病、症状、治疗情况、既往史等信息，也可以围绕任一症状、病史等进行细节特征的问诊。除问诊外，预问诊系统基于自然语言生成技术自动生成规范、详细的问诊报告，主要包括患者基本信息、主诉、现病史、既往史和过敏史五个部分。

此外，语音识别技术为医生书写病历、为普通用户在医院导诊提供了极大的便利。放射科医生、外科医生、口腔科医生工作时双手无法空闲出来去书写病历，智能语音录入可以解放医生的双手，帮助医生通过语音输入完成查阅资料、文献精准推送等工作，并将医生口述的医嘱按照患者基本信息、检查史、病史、检查指标、检查结果等形式形成结构化的电子病历，大幅提升了医生的工作效率。

科大讯飞的一款产品"晓医"导诊机器人，利用科大讯飞的智能语音和人工智能技术，能够通过与患者进行对话，理解患者的需求，实现智能的院内导诊，告诉患者科室位置、应就诊的科室，并解答患者在就诊过程中遇到的其他问题，实现导医导诊，进一步助力分诊。

2. 病历与文献分析

电子病历是在传统病历的基础上，记录医生与病人的交互过程以及病情发展情况的电子化病情档案，包含病案首页、检验结果、住院记录、手术记录、医嘱等信息。电子病历中既有结构化数据，也包括大量自由文本输入的非结构化数据。对电子病历及医学文献中的海量医疗大数据进行分析，有利于促进医学研究，同时也为医疗器械、药物的研发提供了基础。人工智能利用机器学习和自然语言处理技术可以自动抓取来源于异构系统的病历与文献数据，并形成结构化的医疗数据库。大数医达、惠每医疗、森亿智能等企业正是基于自己构建的知识图谱，形成了供医生使用的临床决策支持产品，为医生的诊断提供辅助，包括病情评估、诊疗建议、药物禁忌等。

构建医疗知识图谱，需要经过医学知识抽取、医学知识融合的过程。在医学知识抽取过程中，传统的基于医学词典及规则的实体抽取方法存在诸多弊端。目前没有医学词典能够完整地囊括所有类型的生物命名实体。此外，同一词语根据上下文语境的不同指代的实体有可能不同,因此简单的文本匹配算法无法识别实体。

近年来,深度学习开始被广泛应用于医学实体识别,目前实验结果表明基于 BiLSTM-CRF 的模型能够达到最好的识别效果。由于数据来源的多样性,在医学知识融合的过程中存在近义词需要进行归类,目前分类回归树算法、SVM 分类方法在实体对齐的过程中可以实现良好的效果。

和其他行业相比,分散在医疗信息化各个业务系统中的数据包含管理、临床、区域人口信息等多种数据,复杂性更高,隐藏价值更大。

3. 医疗影像辅助诊断

医疗影像数据(见图 11-15)是医疗数据的重要组成部分,从数量上看超过 90% 以上的医疗数据都是医疗影像数据。从产生数据的设备来看,医疗影像数据包括 CT、X 光、MRI、PET 等影像数据。据统计,医学影像数据年增长率为 63%,而放射科医生数量年增长率仅为 2%,放射科医生供给缺口很大。人工智能技术与医疗影像的结合有望缓解此类问题。人工智能技术在医疗影像的应用主要指通过计算机视觉技术对医疗影像进行快速读片和智能诊断。

图 11-15 医疗影像数据

人工智能在医学影像中的应用主要分为两个部分。一是感知数据,即通过图像识别技术对医学影像进行分析,获取有效信息。二是数据学习、训练,通过深度学习海量的影像数据和临床诊断数据,不断对模型进行训练,促使其掌握诊断能力。目前,人工智能技术与医疗影像诊断的结合场景包括肺癌检查、糖网眼底检查、食管癌检查以及部分疾病的核医学检查和病理检查等。

利用人工智能技术进行肺部肿瘤良性恶性的判断步骤主要包括数据收集、数据预处理、图像分割、肺结节标记、模型训练、分类预测。首先要获取放射性设备如 CT 扫描的序列影像,并对影像进行预处理,以消除原 CT 影像中的边界噪声,然后利用分割算法生成肺部区域图像,并对肺结节区域进行标记。获取数据后,对 3D 卷积神经网络的模型进行训练,以实现在肺部影像中寻找结节位置并对结节性质进行分类判断。

2019 年 8 月,腾讯优图首个医疗 AI 深度学习预训练模型 MedicalNet 正式对外开源。这也是全球第一个提供多种 3D 医疗影像专用预训练模型的项目。MedicalNet 具备以下特性。

(1)MedicalNet 提供的预训练网络可迁移到任何 3D 医疗影像的 AI 应用中,包括但不限于分割、检测、分类等任务。

(2)尤其适用小数据医疗影像 AI 场景,能加快网络收敛,提升网络性能。

（3）通过简单配置少量接口参数值，即可进行微调训练。

（4）项目提供多卡训练以及测试评估代码，接口丰富，扩展性强。

（5）提供不同深度的 3D ResNet 预训练模型，可供不同数据量级应用使用。

4. 药物研发

人工智能正在重构新药研发的流程，大幅提升药物制成的效率。传统药物研发需要投入大量的时间和金钱。药物研发需要经历靶点筛选、药物挖掘、临床试验、药物优化等阶段。目前我国制药企业纷纷布局 AI 领域，AI 技术目前主要应用在新药发现和临床试验阶段。

1）靶点筛选

靶点是指药物与机体生物大分子的结合部位，通常涉及受体、酶、离子通道、转运体、免疫系统、基因等。现代新药研究与开发的关键首先是寻找、确定和制备药物筛选靶——分子药靶。寻找靶点的传统方式是将市面上已有的药物与人体身上的一万多个靶点进行交叉匹配，以发现新的有效的结合点。人工智能技术有望改善这一过程。AI 技术可以从海量医学文献、论文、专利、临床试验信息等非结构化数据中找到可用的信息，并提取生物学知识，进行生物化学预测。据预测，该方法有望将药物研发时间缩短约 50%、成本降低约 50%。

2）药物挖掘

药物挖掘也可以称为先导化合物筛选，是指将制药行业积累的数以百万计的小分子化合物进行组合实验，寻找具有某种生物活性和化学结构的化合物，用于进一步的结构改造和修饰。人工智能技术在该过程中的应用有两种方案，一是开发虚拟筛选技术取代高通量筛选，二是利用图像识别技术优化高通量筛选过程。利用图像识别技术，可以评估不同疾病的细胞模型在给药后的特征与效果，预测有效的候选药物。

3）病人招募

据统计，90% 的临床试验未能及时招募到足够数量和质量的患者。利用人工智能技术对患者病历进行分析，可以更精准地挖掘到目标患者，提高招募患者效率。

4）药物晶型预测

药物晶型对于制药企业来说十分重要，熔点、溶解度等因素决定了药物临床效果，同时具有巨大的专利价值。利用人工智能可以高效地动态配置药物晶型，防止漏掉重要晶型，缩短晶型开发周期，降低成本。

5. 基因测序

基因测序是一种新型基因检测技术，它通过分析测定基因序列，可用于临床的遗传病诊断、产前筛查、罹患肿瘤预测与治疗等领域。单个人类基因组拥有 30 亿个碱基对，编码约 23 000 个含有功能性的基因，基因检测通过解码从海量数据中挖掘有效信息。目前高通量测序技术的运算层面主要为解码和记录，较难实现基因解读，所以从基因序列中挖掘出的有效信息十分有限。人工智能技术的介入可改善目前的瓶颈。通过建立初始数学模型，将健康人的全基因组序列和 RNA 序列导入模型进行训练，让模型学习到健康人的 RNA 剪切模式。之后通过其他分子生物学方法对训练后的模型进行修正，最后对照病例数据检验模型的准确性。

目前，IBM 沃森，国内的华大基因、博奥生物、金域医学检验中心等龙头企业均已开始自己的人工智能布局。以金域医学检验中心为例，金域医学检验中心利用其综合检验检测技术平台，以疾病为导向设立检测中心，融合生物技术与人工智能等新一代信息技术，为广大患者提供专业化的临床检验服务。金域医学检验中心的基因组检测中心拥有全基因组扫描、荧光原位杂交、细胞遗传学、传统 PCR 信息平台，并利用基因测序领域中最具变革性的新技术之高通量测序技术（HTS）为临床提供高通量、大规模、自动化及全方位的基因检测服务。

国内物联网平台已经开始向垂直领域发展，就如电商发展一样，走入行业领域的细分阶段。选择一个合适的行业去深入学习，才能更专注、更专业地驾驭物联网技术。

附录 物联网名词术语

1. 物联网技术

物联网技术是指基于各种传感器实现物理世界的数据感知,利用各种通信技术实现数据传输,最终实现物联网设备及环境的数据存储、分析、预测、可视化等应用,帮助人们更好地认知与管理物理世界。

2. 物联网云平台

物联网云平台为所有联网设备提供一个强大的数据汇聚点,并提供数据收集和处理服务,统一数据通信协议和格式,提供一套标准的 API,为数据分析提供一个强大的数据引擎。物联网云平台包含平台服务层和应用服务层。

3. 感知及控制层

感知及控制层由微处理器、传感器、机电控制电路等硬件设备组成,主要实现数据采集和操作控制功能。

4. 网络层

网络层是物联网系统的数据传输通道,具有局域网或互联网通信能力。物联网设备通过网络层将采集的数据发送给物联网云平台,或通过网络层接收物联网云平台的控制命令。

5. 平台服务层

平台服务层是物联网数据汇聚、存储、分析的核心部件,支持海量设备接入,提供高性能分布式计算分析能力,具有设备管理能力、数据管理能力、安全管理能力等。

6. 应用服务层

应用服务层根据行业需求(主要是用户需求与设备需求),在平台服务层上构建物联网应用场景。例如,城市交通情况的分析与预测,城市资产状态监控与分析,环境状态监控、分析与预警(如风力、雨量、滑坡),健康状况监测与医疗方案建议等。

7. 数字孪生

数字孪生是指在数字世界中构建与物理世界准实时同步的数字映射关系,是物联网+资产模型的典型代表,是数字化、智能化、场景化和可视化的技术融合。数字孪生通过定义场景、模型、影子等方式,描述物与空间、物与物、物与人等复杂的关系。

8. 传感器

传感器由敏感元件、转换元件和其他辅助器件组成。传感器类型丰富,常见的传感器有温度传感器、光照传感器、气敏传感器、重力传感器、加速度传感器等。

9. 执行器

执行器是物联网领域的一个专用术语,常指机电设备的控制信号等,如开关量输出、模拟量输出、状态指示等。

10. 单片机

单片机是指一个集成在一块芯片上的完整计算机系统。越来越多的单片机具有数据采集、计算、存储、通信能力。单片机技术已成为设备联网的核心技术之一。

11. RTOS

RTOS(实时操作系统)是指当外界事件或数据产生时,以足够快的速度予以处理,能在规定的时间内控制生产过程或对处理系统做出快速响应,调度一切可利用的资源完成实时任务,并控制所有实时任务协调一致运行的操作系统。

12. 物联网操作系统

物联网操作系统由内核、通信支持(WiFi/蓝牙、2/3/4G 等通信支持、NFC、RS-232/PLC 支持等)组件、外围组件(文件系统、GUI、Java 虚拟机、XML 文件解析器等)以及集成开发环境组成,可面向行业快速开发。

13. 嵌入式系统

嵌入式系统是指以应用为中心,以现代计算机技术为基础,能够根据用户需求(功能、可靠性、成本、体积、功耗、环境等)灵活裁剪软硬件模块的专用计算机系统。

14. 物联网网关

物联网网关是一套软件支持的硬件系统。它是连接感知及控制层设备与传统通信网络的纽带,主要实现感知及控制层网络与通信网络等不同网络之间的协议转换,既可以实现广域互联,也可以实现局域互联。此外,物联网网关具备设备管理功能,人们通过物联网网关管理底层设备的节点,了解各节点的相关信息,并实现远程控制。

15. 边缘计算

边缘计算是指数据源的硬件,采用网络、计算、存储、应用等核心能力为一体的开放平台,就近提供最近计算服务。应用程序在物联网网关上发起,产生更快的网络服务响应,满足行业在实时业务、应用智能、安全与隐私保护等方面的基本需求。边缘计算处于物理实体和工业连接之间,或处于物理实体的顶端。云计算可以访问边缘计算的历史数据。

16. Modbus

Modbus 是一种串行通信协议,是 Modicon 公司(现在的施耐德电气 Schneider Electric)于 1979 年为使用可编程逻辑控制器(PLC)通信而开发的。Modbus 已经成为工业领域通信协议的业界标准,主要用于工业设备的数据通信,是工业物联网的重要通信协议。

17. 数据透传

数据透传是一种与传输介质、调制解调方式、传输模式、传输协议等无关的数据传输模式。在数据的传输过程中,数据不发生任何形式的改变,仿佛传输过程是透明的,在保证数据传输质量的同时,发送方通过数据透传模式将数据发送给接收方。

18. RFID 技术

RFID(无线射频识别)技术通过无线射频方式,进行非接触双向数据通信,利用无线射频方式对记录媒体(电子标签或射频卡)进行读写,从而达到识别目标和数据交换的目的,被认为是 21 世纪最具发展潜力的信息技术之一。

19. ZigBee 技术

ZigBee 技术是一种速率较低的双向无线网络技术,主要采用 2.4 GHz 频段,由 IEEE 802.15.4 无线标准开发而来,拥有低复杂度、短距离、低成本、低功耗等优点。ZigBee 技术的先天性优势使它在物联网行业逐渐成为一个主流技术,在工业、农业、智能家居等领域得到大规模的应用。

20. Bluetooth 技术

Bluetooth(蓝牙)技术是一种支持设备短距离通信(一般 10 m 内)的无线通信技术,支持移动电话、无线耳机、笔记本电脑、外设等设备间进行无线信息交换。Bluetooth 技术可以有效简化移动通信终端设备之间的通信,让数据传输变得更加迅速、高效,为无线通信拓宽道路。

21. WiFi 技术

WiFi 技术是一种采用无线通信方式进行数据传输的技术,弥补了有线局域网络的不足,起到了网络延伸的作用。它与 Bluetooth 技术一样,同属于在办公室和家庭中使用的短距离无线技术。同 Bluetooth 技术相比,WiFi 技术具备更高的传输速率、更远的传播距离,已经广泛应用于笔记本、手机、汽车等广大领域中。

22. 4G 技术

4G 技术是第四代移动通信及其技术的简称,是集 3G 与 WLAN 于一体,能够传输高质量视频图像,且图像传输质量与清晰度与电视不相上下的技术。它具有传输速度快、信号传播能力强、兼容性好等技术优势。

23. NB-IoT 技术

NB-IoT 技术是物联网领域的一种新兴技术,支持低功耗设备在广域网的蜂窝数据连接。NB-IoT 也被叫作低功耗广域网(LPWAN)。它具有覆盖广、连接多、速率快、成本低、功耗低、架构优等特点。

24. LoRa 技术

LoRa 技术是一种线性调频扩频调制技术,具有远距离传输、低功耗、组网灵活等技术优势特性,被广泛应用于物联网各个垂直行业中。目前,LoRa 和 NB-IoT 成为低功耗广域物联网(LPWAN)领域内最突出的两种通信方式。

25. 消息中间件

消息中间件是基于队列与消息传递技术,在网络环境中为应用系统提供同步或异步、可靠的消息传输的支撑性软件系统,主要适用于消息通道、消息总线、消息路由和发布/订阅的场景。目前开源消息中间件有很多,如 Kafka、RabbitMQ、RocketMQ 等。

26. MQTT 协议

MQTT(消息队列遥测传输)协议是一种基于发布/订阅(publish/subscribe)模式的轻量级通信协议。该协议构建于 TCP/IP 协议上,由 IBM 在 1999 年发布。作为一种低开销、低带宽的即时通信协议,MQTT 协议具有简单、开放、轻量和易于实现等特点,在物联网、小型设备、移动应用等方面应用广泛。

27. MQTT 消息代理服务器

MQTT 协议工作时,需要 MQTT 客户端和 MQTT 消息代理服务器共同参与通信。MQTT 客户端是消息的发布者或订阅者,MQTT 消息代理服务器实现消息转发与路由。MQTT 消息代理服务器可以是一个应用程序或一台设备,位于消息的发布者和订阅者之间。它支持来自客户的网络连接、接收客户发布的应用信息、处理来自客户端的订阅和退订请求、向订阅的客户转发应用程序消息等操作。

28. MQTT 客户端

MQTT 客户端是指基于 MQTT 协议的应用程序或设备,可以发布消息、订阅消息、退订消息、与服务端断开连接。

29. MQTT.fx

MQTT.fx 是一款基于 Eclipse Paho,使用 Java 语言编写的 MQTT 客户端工具,向消息代理服务器发布或订阅消息。

30. 时间序列数据

时间序列数据(time series data)是在不同时间上收集到的数据,用于描述现象随时间变化的情况。这类数据反映了某一事物、现象等随时间的变化状态或程度。物联网采集的数据是典型时间序列数据。

31. 时序数据库

时序数据库是指存放时间序列数据的数据库,支持时间序列数据的快速写入、持久化、多纬度聚合查询等基本功能。

32. 数据分析

数据分析是指采用适当的统计分析方法,对收集来的大量数据进行分析,将它们加以汇总和理解并消化,以求最大化地开发数据的功能,发挥数据的作用。数据分析是为了提取有用信息和形成结论,对数据加以详细研究和概括总结的过程。

33. 大数据分析

大数据分析是指对规模巨大的数据进行数据分析。其中,大数据是指无法在一定时间范围内用常规软件工具进行捕捉、管理和处理的数据集合。

34. 数据可视化

数据可视化是指从不同维度观察数据属性,对数据进行深入观察和分析后,借助于图形、图表、地图等形式,将数据中所蕴含信息的趋势、异常、模式等展现出来,清晰有效地传达与沟通。

35. 智能家居

智能家居是指以住宅为平台,利用综合布线技术、网络通信技术、安全防范技术、自动控制技术、音视频技术将家居生活有关的设施集成,构建高效的住宅设施与家庭日程事务的管理系统。智能家居产品具有数字化、网络化、智能化、人性化等特征。

36. 工业物联网

工业物联网是指基于云计算和大数据的工业领域的行业平台,对下能接入多种行业终端,对上支持多种行业应用,通过工业物联大数据平台,把各种垂直的物联网应用整合成一个扁平的应用体系。

37. 农业物联网

农业物联网是指农业生产过程中将大量的传感器节点构成监控网络,通过各种传感器采集信息,通过农业物联网大数据平台,帮助农民及时发现问题,并准确地找到问题的关键。

38. 医疗物联网

医疗物联网是指通过射频识别设备、红外感应器、定位系统、激光扫描器、气体感应器等信息传感设备,按约定的协议把医疗业务相关的人员、资产、物品与互联网连接起来,进行信息交换和通信,以实现医疗领域的智能化识别、定位、跟踪、监控、管理及服务。

参考文献

[1] 王飞跃,张军,张俊,等. 工业智联网:基本概念、关键技术与核心应用[J]. 自动化学报, 2018,44(9):1606-1617.

[2] 闵丽娟,卢捍华,吴瑞雯. 物联网控制系统综述[J]. 南京邮电大学学报(自然科学版), 2017,37(2):68-73.

[3] 蔡自兴. 人工智能及其应用[M]. 5版. 北京:清华大学出版社,2016.

[4] 杨正洪. 智慧城市——大数据、人工智能和云计算之应用[M]. 北京:清华大学出版社,2014.

[5] 柳若边. 深度学习——语音识别技术实践[M]. 北京:清华大学出版社,2019.

[6] 徐宏伟,周润景,陈萌. 常用传感器技术及应用[M]. 北京:电子工业出版社,2017.

[7] 彭杰纲. 传感器原理及应用[M]. 2版. 北京:电子工业出版社,2017.

[8] 张新华. 传感网络技术在智能机械制造物联网架构中的应用[J]. 舰船科学技术,2019,41(6A):202-204.

[9] 王维佳. 基于单片机的温度控制系统设计[J]. 电子技术与软件工程,2018,6(23):244.

[10] 邓昀,李朝庆,程小辉. 基于物联网的智能家居远程无线监控系统设计[J]. 计算机应用,2017,37(1):159-165.

[11] 陈文澄,张辉,张晋滔. ESP8266 WiFi模块在智能小车控制中的应用[J]. 工业控制计算机,2019,32(7):134-136.

[12] 张一鸣,肖晓萍. 基于 ARM 和 WIFI 通信的智能开关控制器设计[J]. 计算机测量与控制,2018,26(8):83-87,137.

[13] 任亨,马跃,杨海波,等. 基于 MQTT 协议的消息推送服务器[J]. 计算机系统应用,2014,23(3):77-82.

[14] 姚丹,谢雪松,杨建军. 基于 MQTT 协议的物联网通信系统的研究与实现[J]. 信息通信,2016,(3):33-35.

[15] 徐化岩,初彦龙. 基于 influxDB 的工业时序数据库引擎设计[J]. 计算机应用与软件,2019,36(9):33-36,40.

[16] 刘焕军,武丹茜,孟令华,等. 基于 NDVI 时间序列数据的施肥方式遥感识别方法[J]. 农业工程学报,2019,35(17):162-168.

[17] 徐文彬,齐勇,侯迪,等. 基于时间序列分析的应用服务器性能衰退模型[J]. 西安交通大学学报,2007,41(4):426-429.

[18] 潘彦. 前端组件化与后端接口自动化构建工具研究[D]. 北京:北京邮电大学,2018.

[19] 覃雄派,陈跃国,杜小勇. 数据科学概论[M]. 北京:中国人民大学出版社,2018.

[20] 彭瑜. 物联网技术的发展及其工业应用的方向[J]. 自动化仪表,2011,32(1):1-7,12.

[21] 周国民. 我国农业大数据应用进展综述[J]. 农业大数据学报,2019,1(1):16-23.

[22] 李均,章丹峰,王建强,等. 建设工程智能监测监管预警云平台的研发[J]. 广东土木与建筑,2020,27(12):39-46.

[23] 吴滢,李嫚. "互联网+医疗"背景下的分级诊疗信息化建设探索[J]. 广东通信技术,2018,38(10):26-31,44.

[24] 翟凌宇,孙凯旋. 基于云计算的智慧农业物联网云平台[J]. 软件,2020,41(1):258-262.